U0452770

弗洛伊德论美

[奥] 西格蒙德·弗洛伊德 著

邵迎生 陈翊 译

金城出版社
北京

Copyright © 2025 GOLD WALL PRESS CO., LTD. CHINA

本作品一切权利归 金城出版社有限公司 所有，未经合法许可，严禁任何方式使用。

图书在版编目（CIP）数据

弗洛伊德论美/（奥）西格蒙德·弗洛伊德著；邵迎生，陈翊译.--北京：金城出版社有限公司，2025.3

（美学经典系列/杨宏宇主编）

书名原文：Delusion and Dreams in Jenson's Gradiva

ISBN 978-7-5155-2579-2

Ⅰ.①弗… Ⅱ.①西… ②邵… ③陈… Ⅲ.①弗洛伊德(Freud,Sigmmund 1856-1939)—精神分析—艺术美学 Ⅳ.①B83-069

中国国家版本馆CIP数据核字（2024）第015215号

弗洛伊德论美

作　　者	[奥]西格蒙德·弗洛伊德
译　　者	邵迎生　陈翊
责任编辑	彭洪清
责任校对	郝俊伟
责任印制	李仕杰
开　　本	710毫米×1000毫米　1/16
印　　张	15
字　　数	221千字
版　　次	2025年3月第1版
印　　次	2025年3月第1次印刷
印　　刷	天津丰富彩艺印刷有限公司
书　　号	ISBN 978-7-5155-2579-2
定　　价	78.00元

出版发行　金城出版社有限公司　北京市朝阳区利泽东二路3号　邮政编码：100102
发 行 部　（010）84254364
编 辑 部　（010）64210080
总 编 室　（010）64228516
网　　址　http://www.jccb.com.cn
电子邮箱　jinchengchuban@163.com
法律顾问　北京植德律师事务所　（电话）18911105819

西格蒙德·弗洛伊德
（1856—1939）

奥地利精神病学家和精神分析学派创始人，20世纪最有影响力的心理学理论家。弗洛伊德包括俄狄浦斯情结（Oedipus Complex，即恋母情结）在内的理论，对艺术、文学甚至社会思维都产生了巨大的影响。

  自从《释梦》一书发表以后，精神分析学再也不是纯属于医学的东西了。当精神分析学在法国和德国出现的时候，它已被应用到文学、美学，以及宗教史、史前史、神话、民俗学、教育学等领域……我常常写一点儿这方面的东西，以满足我对医学之外的诸问题的兴趣。其后，别人（不单单是医生，还有各个领域的专家）才按照我的路子，进一步深入到许多不同的领域中去。

——弗洛伊德

Contents 目录

弗洛伊德生平及精神分析学之影响（代序）   001

01 《俄狄浦斯王》与《哈姆雷特》   009
02 戏剧中的变态人物   015
03 詹森《格拉迪娃》中的幻觉与梦   020
04 创造性作家与白日梦   079
05 达·芬奇的童年回忆   087
06 米开朗琪罗的《摩西》   143
07 《诗与真》中的童年回忆   163
08 论幽默   171
09 陀思妥耶夫斯基与弑父行为   176
10 美杜莎的首级   192

再版译后记   194
附录：弗洛伊德年表   196

弗洛伊德生平及精神分析学之影响（代序）

> 我并不是一个真正的科学家，也不是一个观察家和实验家，更不是一个思想家。我只不过是一个具有征服者气质——好奇、勇敢和坚持不懈——的征服者罢了。
>
> ——弗洛伊德

一、生平

1856年5月6日，弗洛伊德出生在摩拉维亚的弗赖堡，父母都是犹太人。3岁时，弗洛伊德全家迁往维也纳。弗洛伊德的童年在清苦拮据中度过。他最初叫西吉斯蒙德（Sigismund），中间名什洛莫（Schlomo）来自犹太名字"所罗门"（Solomon）。17岁那年，他自己改名为西格蒙德（Sigmund）。

青年时代，弗洛伊德便开始对哲学和人道主义问题感兴趣，但他觉得必须用一种严格的科学训练来约束自己丰富的想象力。1873年，他在慈善机构的资助下进入维也纳大学医学院学习。医学院生理实验室主任恩斯特·冯·布吕克对弗洛伊德产生了不可磨灭的影响。在这里，弗洛伊德证明了低级动物的脊髓神经节细胞与高级动物的同一性，并发表了第一篇论文。这项证明对于进化论是一个较大的贡献。不久，他又撰文描述了神经细胞的构造，为神经元的理论奠定基础。

弗洛伊德无心世俗琐事，一心从事研究工作。他厘清了脊髓与小脑之间的种种联系，最有价值的莫过于他对听觉神经进行的全面彻底的研究，以及对脑神经感觉神经核与脊髓的感觉神经节具有相同结构的证明。

1882年，弗洛伊德爱上妹妹的朋友玛塔·贝尔内丝。玛塔·贝尔内丝比弗洛伊德小5岁，出生于汉堡一个条件较好的犹太家庭。爱情让弗洛伊德认识到，他要谋生，遂进入维也纳总医院当了一名实习医生。三年中，他在医院各个部门实习，医学水平大增，而他的主要兴趣则在于导师T. H. 梅涅特研究的精神病学方面。期间，他发现古柯碱（又称可卡因）有麻醉的特性，为局部麻醉做出巨大贡献。

实习工作结束后，弗洛伊德得到一笔奖学金，就有了去巴黎向著名神经病学家让-马丁·沙尔科（Jean-Martin Charcot）学习的机会。让-马丁·沙尔科致力于癔症研究。四个月的学习成为弗洛伊德事业的转折点，他将兴趣从躯体转移到心理方面。

1886年春天，弗洛伊德以神经病学家的身份开业行医，事业有成，也开始过上美满的家庭生活。9月，他与玛塔·贝尔内丝结婚，婚后生育了三儿三女，小女儿安娜·弗洛伊德（Anna Freud）后来也成为著名的精神分析学家。弗洛伊德还作为神经病学家在一家儿童诊所工作过几年。

早在1882年，弗洛伊德的同事布罗伊尔（Josef Breuer）就跟他说，一位叫安娜的病人因接受了在催眠中恢复痛苦记忆的"疏泄"（Catharsis）疗法而受益。这在当时没有引起注意。弗洛伊德后来对癔症病人使用催眠疗法，但效果并不好。1889年，他前往南锡向催眠专家伊波利特·伯恩海姆（Hippolyte Bernheim）求教。三年后，弗洛伊德观察到，在被遗忘的痛苦记忆中，占据主要地位的是那些不能被接受的愿望，便形成了压抑的概念。这一概念后来成为弗洛伊德学说的基本要素之一。1895年，弗洛伊德与布罗伊尔合著出版了一本具有划时代意义的《癔症研究》。此时，他已经放弃催眠术，转而采用"自由联想"法。那时的弗洛伊德已经小有成就，他指出，各种精神神经症都是由无意识的性冲突引起的，但知己只有柏林的威廉·弗利斯（Wilhelm Fliess）。两人开始通信，弗洛伊德在给弗利斯的信中记述了为设法了解深层心理而采取的试验性步骤，后来这些信件都收录进了《精神分析学的起源》一书中。

1900年，弗洛伊德发表了《释梦》。此书主要论述了以往令探讨者感到一筹莫展的梦境生活，以及形成梦的种种复杂机制，讨论了深度心理，即无意识的结构和作用方式。弗洛伊德以一种真正的心理动力学概念取代了已经陈旧的联想心理学。

1902年，弗洛伊德邀请几位同事、学生定期聚会，成立"星期三心理学研究组"，后来这一小团体发展为"维也纳精神分析学协会"。1904年，弗洛伊德出版了《日常生活心理病理学》一书，探讨种种有缺陷的心理作用，如遗忘、失言、笔误、错放东西等。

1905年，弗洛伊德发表《性学三论》《多拉的分析》《玩笑及其与无意识的关系》三本著作。《多拉的分析》阐明了如何用释梦揭示并治疗精神经症的种种症状。《玩笑及其与无意识的关系》透彻研究了无意识动机能够间接表现出来的许多方式。《性学三论》对性研究做了全面描述，此书招致了极大的谴责和嘲讽。

1906年，弗洛伊德得到瑞士心理学家卡尔·古斯塔夫·荣格（Carl Gustav Jung）等人的支持。1908年4月，荣格组织了第一届国际精神分析学大会。1909年9月，弗洛伊德应美国马萨诸塞州伍斯特市克拉克大学校长霍尔之邀前往访问，在那里，他和荣格做了一系列的演讲。

弗洛伊德发表过大量临床方面的论文，对精神分析学研究中的细节问题进行了探讨，还公布过五份长篇病历，提供了许多有关他研究方法方面的情况。但他开始意识到精神分析的领域远非于此，相继又出版了《詹森〈格拉迪娃〉中的幻觉与梦》（1907）、《文明化的性道德与现代精神病》（1908）、《创造性作家与白日梦》（1908）、《达·芬奇的童年回忆》（1910）、《图腾与禁忌》（1913）、《米开朗琪罗的摩西》（1914）等著作。其中，《图腾与禁忌》的重要性仅次于《释梦》。弗洛伊德通过对乱伦、情感矛盾等许多特征的研究，发现这些是儿童和野蛮人的原始心理所共同具有的特征。他解读了原始人弑亲行为，并认为文明、道德和宗教就起源于对弑亲行为的追悔和其他反应。1912年，他还创办了《意象》杂志，用以讨论他的研究在非医学方面的应用情况。

一战期间，弗洛伊德出版了一本关于时事的著作《战争和死亡的目前想法》。该书指出，实际上幻灭感并不一定是由战争引起的，它的产生与过去人们过高估计人类的道德进步有关；这一事实只是由于发生了可怕的战争才被揭示出来。

1919年，弗洛伊德创办了一家国际性的出版公司，专门出版发行精神分析学方面的杂志和书籍。翌年，他出版了《超越快乐原则》一书。在此书中，弗洛伊德提出了一种更加基本的原则，即他所称的重复—强迫原则，它具有恢复早期状态的倾向。如果从逻辑上推到极端的话，这意味着那里存在着一种使生命变为无生命物体的倾向，即"死本能"。此后，他又出版了《群体心理学与自我分析》和《自我与本我》。其中，《自我与本我》为新的自我心理学奠定了基础。他提出一种新的三分法，把精神过程称为本我、自我和超我。

1923年春天，弗洛伊德患了口腔癌。同年10月，他做了一次根治手术，上颚的一边全部切除，还装了假牙。直至去世，他一共动了33次手术。

1925年，弗洛伊德出版了《压抑、症状与焦虑》，该书阐述了焦虑和恐惧的性质及来源。1927年，弗洛伊德的《幻想的未来》脱稿，该书表达了弗洛伊德的信念，即单靠愿望和恐惧的心理动机就足以形成宗教的信仰。1929年，《文明及其病态》脱稿，该书提示了人类社会的根本弱点，并指出许多必须加以补救的缺陷。

其后几年，弗洛伊德笔耕不辍：1930年，弗洛伊德获得德国文学最高奖项"歌德奖"；1932年，《精神分析引论新编》脱稿，《为什么要战争？》脱稿……

1933年始，纳粹开始迫害犹太人。弗洛伊德在德国的许多支持者被迫逃亡，他的著作在柏林被当众焚烧，其出版公司的大部分存书在莱比锡被没收，1938年，纳粹入侵奥地利，公司也被没收。

纳粹的迫害促使弗洛伊德思考犹太教的性质和起源。他的《摩西与一神教》几经增删，当时无法出版。他在书中推断，犹太教中特有的一神信仰，与第一个传播这种信仰的、富有革命精神的埃及法老阿肯那顿推行该信仰有关。1938年，弗洛伊德迫于重重压力离开奥地利。同年6月，在欧内斯特·琼斯（Ernest Jones）的帮助下，他前往英国伦敦。9月，弗洛伊德搬到马兹费尔德花园，这是他最后一次搬家。同时，他还接受了最后的手术治疗。翌年2月，弗洛伊德癌症复发。9月23日，弗洛伊德在伦敦逝世，前一个月，他还在忙于接待来访者，撰写文章……

二、精神分析学在美学领域之影响

弗洛伊德发现，无意识的内容与意识的内容是完全不同的，就像无意识特有的机制一样。从本质上说，无意识的内容起源于幼儿时代，弗洛伊德对幼儿心理的内在性质做了阐述，他坚持认为幼儿深度心理活动是由双亲的性的动机和敌对动机驱使的。典型的例子就是俄狄浦斯情结，内容就是对双亲中异性一方的性欲望和对竞争者的妒忌与憎恨。《释梦》论及"梦的材料与来源"时，弗洛伊德就谈到了俄狄浦斯情结。依据俄狄浦斯情结的理论，他系统而明确地分析了古典文学作品，这是弗洛伊德美学思想的最早表现。

弗洛伊德本人兴趣十分广泛，尤其对文学和艺术。他精通古典文学，对本国和别国的文学名著涉猎很广；古希腊神话可以信手拈来，作为著作的佐证；他欣赏诗歌、雕塑，对绘画、建筑感兴趣；其德语的散文也十分精彩；早在1899年，他就开始收集古物，其房间中摆满了收集的埃及、希腊的古物；1890年至1914年，他每年都要到意大利度假一个月，潜心研究那里的艺术杰作……弗洛伊德还与许多文学家、艺术家和科学家保持接触，其中包括罗曼·罗兰、托马斯·曼、茨威格、李尔克、威尔斯、萨尔瓦多·达利等著名人物。这一切都为精神分析学在美学领域产生普遍影响打下了坚定的基础。

弗洛伊德说过，他常常为了满足自己对于医学之外的兴趣，写一些关于其他领域的文章。这里说的"一些"，其实范围非常之大，涉及文学、美学、宗教史、史前史、神话、民俗学，甚至教育学……

《释梦》之后，弗洛伊德更加坚定地将无意识性动力心理学推广到美学领域。他更频繁地运用精神分析学来解决美学问题，或以文学艺术和审美经验作为精神分析学的论据，或以文学艺术和审美经验为对象，对精神分析学进行解释，由此逐渐影响了后来精神分析批评派的美学家。他相继写下一系列有关美学和其他社会科学的著作，主要有《日常生活心理病理学》（1904）、《玩笑及其与无意识的关系》（1905）、《性学三论》（1905）、《强迫行为与宗教实践》（1907）、《詹森〈格拉迪娃〉中的幻觉与梦》（1907）、《文明化的性道德与现代精神病》（1908）、《创造性作家与白日梦》（1908）、《达·芬奇的童年回忆》（1910）、《图腾与禁忌》（1913）、《米开朗琪罗的摩西》（1914）、《陀思妥耶夫斯基与弑父行为》（1927）、《论幽默》（1927）、《文明及其病态》（1929）、《摩西与一神教》（1939）……

弗洛伊德认为，美根源于性感，即从美的对象身上获得的性力冲动的满足，而美的对象，即是性的对象——散发着性吸引力的人物。只要可以引起性感、有性吸引力，就是性的对象，同时也是美的对象。性力冲动投射到外界对象上，外界事物便有了美的光辉而成为美的对象。弗洛伊德还认为，性力冲动是人的最原始的本能冲动，其目的是寻求快乐，会指向一定的先天欲求的满足，但在现实生活中，这种欲望常受各方面的压抑而得不到实现，便退缩至无意识底层，故而产生焦虑、痛苦。被压抑的欲望无法消失，便要产生性力冲动的转移或升华。艺术便是转移或升华的一种形式。比如，除了索福克勒斯的《俄狄浦斯王》，弗洛伊德还认为莎士比亚的《哈姆雷特》、陀思妥耶夫斯基的《卡拉马佐夫兄弟》也是被压抑的性力冲动，即俄狄浦斯情结的典型表现。

艺术是被压抑的欲望的满足，被压抑的欲望涉及艺术的根源和本质，而它的满足又涉及艺术解除痛苦、追求快乐的目的。弗洛伊德认为，艺术表现的被压抑的欲望是借助幻想来实现的，幻想不仅使艺术家的欲望得到满足，也能使大多数欣赏者欣赏这种被描述的幻想，从而引起审美快感。在《创造性作家与白日梦》中，弗洛伊德就通过艺术家的幻想与玩耍、白日梦、夜梦相比较，得出"艺术家的幻想是艺术的本质，是满足愿望的手段和方式"的结论。他认为，幻想是艺术家返回现实的途径，艺术家有一种特殊的禀赋，具有强大的升华力，当欲望被压抑而无法满足时，他就可以借助幻想回到现实之中，将幻想变为现实，以求得满足。他曾在其自传中指出：

我把幻想的领域，看成是为了提供一种替代物来代替现实生活中已被放弃的本能满足、唯乐原则向唯实原则痛苦地转变期间产生的一块"保留地"。艺术家就像神经症患者一样，他退出无法得到满足的现实世界，进入一种幻想的世界；但是，他又不同于神经症患者，他知道如何寻找一条回去的途径，并再在现实中获得一个坚实的立足点。艺术家的创造物——艺术品——恰如梦一般，是无意识愿望在幻想中的满足；艺术作品像梦一样，具有调和的性质，因为它们也不得不避免与压抑的性力发生任何公开的冲突。不过，艺术品又不像梦中那些以自我为中心的自恋性的产物，因为艺术品旨在引起他人共鸣，唤起并满足他人相同的无意识的性欲冲动。此外，艺术品还利用了形式美的知觉快感，就像我所称的"刺激的奖赏"（incentive-bonus）。

弗洛伊德认为，精神分析学能做的工作，就是找出艺术家的生活印记及意外的经历与其作品间的内在联系，并根据这种联系来解释其精神素质，以及活动于其中的本能冲动——也就是艺术家和所有人身上都存在的那部分东西。例如，他曾带着这一念头对达·芬奇进行了研究。他根据达·芬奇童年时代的一个回忆，试图阐释达·芬奇的画作《圣安妮和另外两个人》，写下了《达·芬奇的童年回忆》一书。书中，弗洛伊德将一切原因解释为达·芬奇因为童年际遇而成为一个同性恋者，将达·芬奇在艺术追求和科学追求方面的矛盾追溯至其幼年时代的性压抑。精神分析学既不能说明艺术天才的本质，也无法解释艺术家创作中运用的艺术技巧。而且弗洛伊德的分析无疑是对伟人的一种亵渎，遂引来时人的唾骂。有趣的是，半个世纪之后，许多新的艺术流派都攀附于弗洛伊德的学说，他分析达·芬奇及其作品的方法，尽管仍颇受争议，却已成为艺术评论中常见的手法。

无论遇到多少的嘲讽与批评，弗洛伊德一直很自信，他认为"精神分析学令人满意地解释了有关艺术和艺术家的某些问题"。在1916年到1917年写作的《精神分析引论》中，他说道：

在艺术活动中，精神分析学一再把行为看作想要缓解不满足的愿望——这首先体现在创造性艺术家本人身上，继而体现在听众和观众身上。艺术家的动力，与促使某些人成为精神病患者和促使社会建立它的制度的动力是同一种冲突。因此，艺术家获得他的创造能力不是一个心理学的问题。艺术家的第一个目标是使自己自由，并且靠着把他的作品传达给其他一些有着同样被抑制的性欲的人，他使这些人得到同样的发泄。其最个性化的、充满愿望的幻想在表达中得到实现，但经过了转化——这个转化缓和了幻想中显得唐突的东西，掩盖了幻想的个性化的起因，并遵循美的规律，用快乐这种补偿方式来取悦于人——这时它们才变成了艺术品。精神分析学根据艺术享受这一明显作用，毫不困难地指出了隐藏着的本能释放这个源泉，它虽潜伏着却越显得有力。一方面是艺术家在童年时期与其后的生活历史所得的印象，另一方面是他的作品——这些印象的创作。这两者之间的关系对精神分析的审查来说是一个最有吸引力的问题。

至于其他，艺术创作和欣赏的大部分问题有待于进一步研究，精神分析学的知识将有助于解决这些问题，并且在补偿人类愿望的复杂结构中标出它们的位置。艺术是一个习惯上被接受的现实，在这个现实中——感谢艺术家的幻想——象征和替代能够唤起真正的情感。这样，艺术就构成了阻挠愿望的实现和实现愿望的幻想世界间的中间地带——我们认为在这个中间地带，原始人为无限权力所进行的斗争仿佛依然充满着力量……

01 《俄狄浦斯王》与《哈姆雷特》

本文节选自弗洛伊德1900年发表的《释梦》第五章第四节。弗洛伊德在其自传中说过:"俄狄浦斯情结给我很多启示,我渐渐认识到这种情结无处不在。诗人为何选择或者构思这样一种可怕主题,似乎令人难以捉摸;同样使人费解的是,为何它通过戏剧性处理后能产生巨大效果,这类命运悲剧为何具有一种普遍性。然而一旦认识到诗人在人类精神生活的所有情感中抓住了一条普遍规律,上述情况也就容易理解了。命运与神谕,无非是一种内在必然性的具体表现;男主人公不知不觉违心犯罪这一事实,显然真实体现了其犯罪倾向的无意识性。"

俄狄浦斯(Oedipus)是拉伊俄斯(Laïus)国王和伊俄卡斯忒(Jocasta)王后之子。在他出生之前,因为一道神谕警告忒拜国(Thebes)国王拉伊俄斯,这个尚未出生的孩子将会弑父,而被遗弃。孩子得救后在邻国的王宫中做了王子,慢慢长大成人。最后,由于对自己的出身疑虑重重,他也求询神谕并得到警告:不得回家,因为他注定会弑父娶母。在离开异邦这个他以为是家的路上,他遇到了拉伊俄斯王,并在一场突如其来的争执中杀了他。随后,他来到了忒拜国,并解开了阻拦他回乡之路的斯芬克斯之谜。满怀感激之情的忒拜国人民拥他为王,并让他与伊俄卡斯忒王后在婚姻中牵手。他在位经年,海宇升平,享誉四方。而他茫然不知实为生母的皇后,又为他生下两儿两女。后来,闹起了瘟疫。忒拜国人民也去求神问谕。此时,戏剧之父索福克勒斯（Sophocles）的悲剧拉开了大幕！信使们带回了神谕：赶走谋害拉伊俄斯王的凶手之时，亦即瘟疫停止之际。

可他，他在哪里呀？
现在要去哪儿找寻
那陈年旧罪的蛛丝马迹？

剧情发展就是个揭露过程，巧妙的延宕，迭起的高潮，使整个过程宛若精神分析的运作。俄狄浦斯本人正是谋害拉伊俄斯王的凶手，更有甚者，他还是那位遇害国王和伊俄卡斯忒王后之子。因对自己无意中犯下不可饶恕的罪恶震惊万分，他刺瞎了自己的双目，弃国而去。神谕应验了。

《俄狄浦斯王》（*Oedipus Rex*）就是所谓的命运悲剧。神的至上意志与人类无力摆脱危害自身厄运间的矛盾，正是这悲剧效果之所在。深受感动的观众从悲剧中得到的教益是：自知无力，臣服神旨。现代戏剧家也在自编情节中添加同样的矛盾，力图获得相似的悲剧效果。然而，哪怕剧中某个无辜的人竭尽全力，诅咒或神谕也照例应验。尽管如此，观众却冷眼旁观，无动于衷。后来的这些命运悲剧都没什么效果。

如果《俄狄浦斯王》完全像当年感动了希腊人那样感动了现代观众，原因只有一个，那就是，这出悲剧的效果不在于命运与人类意志间的对立，而是要去矛盾得到渲染的剧情的独特本质中寻找。一定有某种东西在我们内心深处发表着意见，乐意承认《俄狄浦斯王》中命运势力之强大，而同时又因认为《祖先》（*Die Ahnfrau*）或其他现代命运悲剧中的那些剧情编排随意、武断而对之不屑一顾。这种因素，《俄狄浦斯王》的故事中其实也有。他的命运之所以打动我们，仅仅因为那也可能是我们的命运——因为在我们出生之前，神谕降咒于我们，恰如曾降咒于他。将我们的原始冲动指向了亲生母亲，将我们的原始仇恨和原始杀戮欲望针对着亲生父亲，这也许就是我们大家的命运。我们的梦使我们对此坚信不疑。俄狄浦斯王弑父娶母不过是向我们证明，我们童年的欲望得到了满足。我们没有罹患精神神经症——就此而论，我们要比俄狄浦斯王幸运，我们还摆脱了对亲生母亲的性冲动，忘却了对亲生父亲的嫉恨。就有这么个人，在他那里我们童年时代的这些原始欲望得到了满足，我们动用了全部的抑制力从他那里退缩了回来，那些欲望也从那时起压制到了我们心底。诗人在捋顺陈年旧事的同时，使得俄狄浦斯的罪恶昭然天下。他使得我们不得不认识到，在自己的内心深处，这种同样的冲动虽遭压抑，却依稀可寻。剧终的合唱让我们直面了这一矛盾：

……盯着俄狄浦斯，您好好看吧！
他巧解暗谜，位达至尊，智慧盖世，
他财富暴增，美煞天下，宛若璀璨星辰；
他此刻沉沦，苦海无边，淹没在怒涛下……[1]

这对我们和我们的自豪是一记警钟，警醒我们这些自童年起就自以为非常聪明、非常强大的人。和俄狄浦斯一样，我们也是活到现在都茫然不知老天强加于我们的这些伤天害理的欲望；这些欲望现在得到了揭示，而我们对自己童年的这一幕幕却可能都选择闭目不见。[2]

索福克勒斯悲剧剧本本身就明确无误地表明，俄狄浦斯的传说源自某种原始的梦境材料。内容是由于性欲望的首次激发，亲子关系受到令人烦恼

---

1 路易斯·康帕耳的英译本（1883）第1524行起。
2 [1914年增注]在精神分析研究的成果中，凡表明无意识中一直存在着儿童时期乱伦冲动的说法，都会引起批评家们极其愤怒的否认，极其猛烈的反对，或者极其令人惊异的扭曲。最近有人甚至无视一切经验，存心想证明乱伦仅具"象征性"——费伦茨（1912）根据叔本华信札中某封信函中的一段，对俄狄浦斯神话做了一次巧妙的"多重解释"。——[1919年增注]后来的研究表明，《释梦》中上述那些段落中首次提到了"俄狄浦斯情结"，这有助于对人类历史以及宗教和道德演进加以认识，具有难以想象的重要意义——（见我的《图腾与禁忌》，1912—1913）。[论文4][确实，关于俄狄浦斯情结和《俄狄浦斯王》以及随之而来的有关哈姆雷特主题的讨论要旨，早在1897年10月15日弗洛伊德给弗利斯（Fliess）的一封信中已提出了（见弗洛伊德1950d，第71封信）。发现俄狄浦斯情结的更早暗示已包含在1897年5月31日的一封信中（同上，手稿N），在弗洛伊德出版的《爱情心理学》（1910h）第一篇中似已正式应用。]

的干扰。尽管尚未有人点破，俄狄浦斯还是因想起神谕而开始倍感困扰。此时，伊俄卡斯忒王后前来安慰；尽管认为没什么道理，她还是说起了众人梦中的那一幕：

> 许多男人都曾于梦中见过，
> 卧拥着孕育了自己的那个女人。
> 些许的烦恼都未曾困扰过他们，
> 这种先兆也未让他们觉得不安。

如今，许多男人和那时一样也梦见和亲生母亲有了性关系，但一提这事却又惊诧万分、义愤填膺。这显然是这一悲剧的关键所在，也突显了梦者梦见亲生父亲归天这件事。

俄狄浦斯这一故事是想象力对这两大典型梦境做出的反应。成人进入这些梦的梦境时伴有厌恶感，因此这一传说一定自带恐怖和自我惩戒。故事的进一步修改源于对材料有误解的二次修订，试图借此达到神学目的。正像在其他内容上一样，在这种主题上想将神的万能与人的责任协调起来，这种企图必然无法如愿。

悲剧诗歌的另一件伟大创作是莎士比亚的《哈姆雷特》（*Hamlet*），它与《俄狄浦斯王》植根于相同的土壤。[1]但是，对同一种材料不同的艺术处理，揭示了这两大相隔久远的文明时代中，精神生活的全部差异，即世俗压制力在人类情感生活中的推进。在《俄狄浦斯王》中，孩子一厢情愿的幻觉受到揭示，并像在梦中一样得以实现。而在《哈姆雷特》中，欲望却依然处在压制中；而且就像在神经症案例中，我们只有从其遭到抑制的结果中了解到它的存在。奇怪的是，现代悲剧所产生的震撼效果，最后竟然与人们完全不了解主人公的性格这一事实相合。这出戏的基础是哈姆雷特对完成自己受命的复仇任务犹犹豫豫；但戏文又没有给出犹豫的理由或动机，人们做出种种尝试进行诠释，均无果而终。根据歌德提出的如今仍旧很流行的一个观

---

1 本段原为《释梦》第一版（1900）的一个脚注，1914年版以后纳入正文。

点,哈姆雷特代表的是一种类型的人,其直接行动的力量因智力的过分发展而无法正常发挥。(他"蒙上思虑的惨白相而像棵病秧"。)另一种观点认为,剧作家总想表现出一种病态的犹豫不决性格,可以算作神经衰弱之类吧。然而剧情表明,哈姆雷特绝没有被刻画成一个没有行动能力的人。我们看到他有两次采取了这样的行动:第一次是他突然大发脾气,用剑刺死了挂毯背后的偷听者;第二次是他以一种有预谋乃至有手段的方式,凭借着文艺复兴时期王子的那般冷酷无情,处死了两个本想谋害他的侍臣。那么,到底是什么妨碍了他去完成父王之魂交予的任务呢?答案又在于这项任务有其特殊的性质。哈姆雷特有能力为所欲为,但就是不敢向自己的叔父,那个弑王篡位、霸占王后,实现了童年时代就一直压抑着的欲望的人报仇。因此,一直驱使着他去复仇的那股憎恨,在他心里就让自我谴责、良心顾忌取代了。这一切提醒着他,自己其实并不比要受到惩罚的恶人好多少。我在此将哈姆雷特心中必定一直存在的无意识,翻译成意识话语;如果有人说他得了癔症,我也只好接受这一事实,因为我的诠释也提到了这一点。哈姆雷特与奥菲莉亚谈话时流露出对性欲望的厌恶,也与此诠释完全一致:这种厌恶注定在后来的岁月里越来越多地占据着诗人的心灵,并在《雅典的泰门》(*Timon of Athens*)一剧中得到极致的表现。

这当然只是诗人自己的思想,让我们在哈姆雷特这里碰上了而已。我在格奥尔·布兰德斯(Georg Brandes)(1896)的一本论莎士比亚的书中注意到一种说法:《哈姆雷特》是莎士比亚在父亲刚刚去世时(1601)动笔创作的;也就是说,我们想象得出来,他是在丧亲之痛的直接影响下进行创作的,此时他童年时代对父亲的感情得到鲜活的恢复。大家也都知道莎士比亚本人就有个早夭的儿子,名叫"哈姆内特"(Hamnet),与"哈姆雷特"几近相同。就像《哈姆雷特》讨论了亲子关系,《麦克白》(大约写于同一时期)关心的是无后嗣问题。但是,正如所有神经质症状,以及就那一问题而论的梦,都可以进行"多重解释"一样(要完全理解它们也真的需要这样做),所有真正具有创造性的作品也绝非诗人心中某个动机或某种冲动造就的,因此是可以对之做出多重解释的。写了这么多内容,我只是想对创造性作家内心深处的冲动做出解释。[1]

---

1 [1919年增注]上文对哈姆雷特所做的精神分析解释一直为欧内斯特·琼斯不断扩充,并对有关本主题文献中提出的不同观点进行了反驳(见琼斯,1910a)。[1930年增注]对麦克白的进一步分析见我的一篇论文(弗洛伊德,1916d)以及杰克尔斯的一篇论文(1917)。[本脚注的第一部分以不同形式包括于1911年版中,但在1914年以后被删去:"上段中关于哈姆雷特问题的一些观点一直得到多伦多的琼斯的一个广泛研究中的新论证的证实和支持(1910a)。他也指出了兰克(1909)所讨论的哈姆雷特中材料与英雄诞生的神谕之间的关系。"][在弗洛伊德死后发表的一篇札记《舞台上的精神病态人物》(1942a)可能写于1905年或1906年,企图对哈姆雷特作进一步讨论。]

02 戏剧中的变态人物

据文中提及的赫尔曼·巴尔（Hermann Bahrs）的戏剧《他者》（*Die Andere*）可知，本文可能写于1905年底或1906年初。因为戏剧《他者》首次于1905年11月初于慕尼黑和莱比锡上演，同月25日于维也纳公演。其剧本直至1906年才付梓。

如果戏剧的目的正如亚里士多德时代以来所假定的那样，是唤起"恐惧和怜悯"从而"净化情感"，那么我们可以对这个目的进行更详细地描述，说它是一个在我们情感生活中打开快乐或享受之源的问题，就像在智力活动中说个笑、逗个乐一样。而现在，许多这样的源泉早已没了踪迹。在这一点上，最主要的因素无疑是通过"减压放气"来消除自己情绪的过程。随之而来的享受，一方面与彻底释放所产生的解脱相呼应；另一方面，无疑与相伴相随的性兴奋相呼应；因为正如我们所想，每当一种情感得到唤起，后者都会作为一种副产品出现，并且让人们感到精神状态的潜能得到一种提升，这是他们十分渴望的。作为兴趣盎然的观众出现在一场表演或戏剧现场，对于成人的意义犹如游戏之于儿童的意义，儿童们犹犹豫豫却又满怀着能像成人一样行事的希望在游戏中得到了满足。观众很少亲力亲为，感觉自己就是个"无足轻重的可怜虫"，长期以来必须降低乃至移置那个亲自站在世界事务中心的抱负；他渴望按照自己的愿望去感觉、去行动、去操办，一言以蔽之：去做个英雄。剧作家和演员通过让他认同于英雄，使他能够做到这一切。他们还给了他一些东西。因为这位观众相当明白，离开了会让快乐丧失殆尽的那种痛苦、磨难和极度恐惧，这样的英雄行为几乎是不可能的。此外，他还明白自己只有一条命，哪怕与逆境仅有一次对抗都有可能遭遇灭顶之灾。他的享受因此以幻觉为本；就是说，因为对如下两点做到了心中有数，苦难减轻了不少：首先，是别人而非他本人在舞台上演戏、吃苦；其次，毕竟这只是游戏，根本威胁不到他的人身安全。这种情况下，他能让自己享受当"伟人"的乐趣，对曾遭压抑的那些冲动听之任之，内心毫无不安，对宗教、政治、社会和性等方面的自由满怀渴望，并朝不同大场景中的每个方向进行"减压放气"。这些场景构成了舞台上表现出来的那部分生活。

然而，创造性写作的其他几种形式，同样受到与这些愉悦相同的前提条件的制约。跟当年跳舞的情况正相像，抒情诗最重要的目的就是宣泄各种强烈情感。史诗的主要目的是，使人们能够在伟大英雄人物获得胜利的时刻，感受他的愉悦。但是，戏剧试图更深入地探索情感的可能性，将享受的形式甚至赋予了灾难的预兆；出于这一原因，它描绘挣扎中的乃至失败了的（带着受虐狂满足感的）英雄。这种与苦难和不幸的关系可视作戏剧特征，无论在严肃戏剧中，它只是一开始得到唤起然后得到缓和的一种**关切**，还是在悲剧中，苦难真的被演示了出来。事实上，戏剧源于祭神过程中的祭祀仪式（试比较山羊和替罪羊）这一事实，与戏剧的这一意义无法不相关联。某种程度上说，它平息了人们对宇宙神圣法则这一苦难存在之因的不断反抗。英雄首先是神或神圣之物的叛逆者；快乐似乎源自弱者面对神力时的痛苦，这是一种自虐的满足带来的快感，以及无论如何都要坚持自我伟大性的那种直接愉悦。我们在此有了普罗米修斯的那般心情，却又掺杂了一种微不足道的准备情绪，让短暂的满足感暂时安抚一下自己。

因此，每一种苦难都是戏剧的主题，并且戏剧保证了从这一苦难出发给观众带去快乐。我们这就有了这一艺术形式的首个前提，即不应给观众造成痛苦，而是应该知道如何通过可能的相关满足，来对其所引起的同情之痛加以补偿。（尤其是，现代作家常常守不住这条规矩。）但是，表现的苦难很快就被限制在**精神上**的痛苦之中；这是因为没有人想要**身体上**的痛苦。他们知道，身体上的痛苦会带来肉体感觉的变化，一切精神享受都将因此告终。

要是得了病，我们只有一个愿望：康复，以摆脱当前状况。我们寻医问诊，希求解除对幻觉的抑制，甚至使我们从病痛之中都能得到享受。如果与某个身染疾病的人换位，观众就会发现自己一下就没了享受或进行精神活动的能力。因此，身染疾病的人只能在舞台上跑跑龙套，当不了主角，除非他在疾病中的某些特定的身体方面真的使精神活动成为可能，就像专注痨病患者的那类戏剧中，患者处于"菲罗克忒忒斯"（Philoctetes）即"受苦人之无望"的绝望状态。

人们对精神痛苦的认识主要与获得精神痛苦的环境有关；因此，表现精神痛苦的戏剧需要一些引起疾病的事件，且一开始就对这一事件进行阐述。一些戏剧，如《大埃阿斯》（*Ajax*）和《菲罗克忒忒斯》（*Philoctetes*）[1]，引入了已完全确定的精神疾病，而这明显不过是例外而已；因为对希腊悲剧的内容耳熟能详，人们会说大幕是戏演到一半时升起的。对于左右此一问题中这类事件的前提条件，我们很容易就能给出一份穷尽的描述。这一定是个涉及冲突的事件，一定有意志和抵抗的共同努力。这一前提条件在与神性的抗争中，首次得到了最宏大的实现。我已经说过，这种悲剧是一种叛逆。在这种叛逆中，剧作家和观众站在叛逆者一边。对神的信仰越少，人类对事务的管理就越显重要；随着思想认识的提高，这就渐渐成为痛苦之源。因此，英雄的下一场斗争是对人类社会的抗争，我们由此有了社会悲剧。但是，必要的前提条件的另一次实现发生在个人与个人之间的斗争中。这就是**人物**悲剧，表现出"对抗"（agon）的所有刺激。人物悲剧最好是在从人类制度束缚下得到解放的优秀人物之间展开，因此事实上必须有两位英雄。随着一位英雄与化身强势人物的制度展开斗争，这两大最后阶级之间的融合，也就毫无疑问是可以接受的了。纯粹的人物悲剧缺乏让人产生愉悦的那种叛逆源。这种叛逆源在社会戏剧中（比如在易卜生的剧中）再次出现的那种势头，绝不亚于它在希腊古典悲剧演员的历史剧中的势头。

因此，在造成痛苦的行动展开的地带，**宗教**剧、**社会**剧和**人物**剧有着本质的差异。我们现在可以随着戏剧的进展进入另一个领域——**心理**剧。在

---

[1] 这两部剧都是古希腊悲剧作家索福克勒斯创作的。——中译者

此，引起痛苦的抗争在英雄的心中展开了——这是一场各种冲动间的抗争，必须以消灭英雄的某个冲动而非英雄而告终；必须以放弃而告终。当然，这种先决条件与任何一种早期类型进行组合，都是可以的。因此，举例来说，制度本身可能是内部冲突的原因。这就是我们爱情悲剧之所在，因为社会文化、人类习俗或"爱情与责任"间的斗争压制了爱情。我们非常熟悉歌剧中的这一切，它们是几乎无穷无尽的各种冲突的起点；事实上就像男人做的情欲白日梦一样，没完没了。

但是，一连串的可能性是越来越大了；当我们参与其中并从中获得快乐的痛苦之源，不再是两个几乎相同的意识冲动之间的冲突，而是一个意识冲动和另一个受到压抑的冲动之间的冲突时，心理剧就变成了心理病态剧。在这里，享受的前提是观众本人应该就是神经症患者，因为只有这样的人才能从启示，从对受到压抑的冲动多少有所意识的认识中得到快乐，而非一味地厌恶。对任何不是神经症患者的人而言，这种认知只会引起厌恶，并唤起一种准备，去重复先前成功施于冲动之上的压抑行为：因为在这种人中，只要实施一次压抑就足以完全制止遭到压抑的冲动。但在神经症患者中，抑制几乎崩溃，很不稳定，需要不断更新我们的付出；如果认识到了这种冲动，这种付出就可以节省下来。因此，只有在神经症患者中，才可能发生某种斗争，这种斗争才可以成为戏剧的主题；但即使是在神经症患者那里，剧作家要唤起的不仅是对解放的**享受**，还有对解放的**抵制**。

这些现代戏剧中的第一部是《哈姆雷特》，主题是一个一向正常的人因自己面临任务的特殊性而变得神经质了；在这人身上，某种冲动受到成功抑制后却又竭力呈现在行动上了。《哈姆雷特》有三个特点，它们在我们目前的讨论中似乎都很重要。（1）英雄并非心理变态，而是在剧情发展过程中才变成心理变态的。（2）那种受到压抑的冲动是我们所有人身上都有的受到压抑的冲动之一，而这种压抑是我们个人进化的重要组成部分。剧情折腾的正是这种压抑。由于这两个特点，我们很容易在英雄身上找到自己。我们和他一样也容易受到相同冲突的影响，因为他"在一定情况下没有丧失理智，也就意味着他毫无理智可失"。（3）这种艺术形式的必要前提是，拼命要进入意识的冲动，无论有多大的辨识度，都从未有过明确的名称；因此，在观众身上也是如此，这一过程是在注意力转移的情况下完成的。他控制着自己的情绪，而不是去摸清形势。一定的阻力无疑以这种方式得以集聚。正如在一项分析研究中，我们发现由于阻力较小，进入意识的受压抑的内容产生了一定的衍生物；而受压抑的内容本身是无法做到这一点的。《哈姆雷特》的冲突说到底藏得太深了，让我不得不深挖。

可能是忽视了这三个特点，使得许多其他心理变态角色，无论在舞台上还是现实生活中都同样无用。因为，神经症患者正是这样一种人，如果我们一上来就在一种完全成形的病症中遇到这一症状，那就根本无法认识到他内在的冲突。恰恰相反，如果我们认识到了那种冲突，我们就会忘记他是个病人；同样，如果他自己认识到了冲突，他就不再犯病了。在**我们**身上诱发同样的疾病似乎是剧作家的事。要成功做到这一点，最好是让我们跟随着患者病情的一步步恶化而一步步压抑。如果我们还没有压抑感，那就必须首先形成压抑感，这是尤为必要的。相比于《哈姆雷特》，在舞台上运用神经症可以说是更进了一步。如果我们面对一个不熟悉且完全成形的神经症，我们就会去请医生（就像我们在现实生活中做的那样），并明确地说这个角色不能进入舞台。

这最后一个错误出在巴尔的《他者》[1]中。第二个错误隐含在戏剧表现的问题之中。也就是说，我们不可能坚信某个特定的人，天生就有权让女孩完全满足。所以，她的案例不能成为我们的案例。还有第三个错误，也就是，不存在任何东西需要我们去发现。我们全部的抵抗力都被调动起来，去对付这种我们难以接受的爱的预定条件。在我所讨论的三个正式的先决条件中，最重要的似乎是注意力转移这一条。

总的说来，也许可以认为，人们的神经质不稳定性和剧作家在避免抵抗和提供前戏乐趣方面的技巧，只能用来确定戏剧中使用病态角色的限制条件。

---

1 该剧的作者是奥地利小说家和剧作家赫尔曼·巴尔。1905年首次公演的这出剧，讲述了一位具有"双重人格"的女主角虽然经过努力，但仍无法摆脱一个靠强力占有她的男人的依恋。这种依恋是建立在对她肉体的感觉之上的。——1942年英译本删掉了其中的一段。

03 詹森《格拉迪娃》中的幻觉与梦

德国作家、诗人威廉·詹森（Wilhelm Jensen, 1837—1911）在作品《格拉迪娃》（Gradiva）中描绘了一位气质优雅、体态轻盈的少女。故事描写了某位考古学家因少女体态轻盈、细步行进而引起的幻觉。依考古学家的想象，这位少女是一个被埋没在意大利庞贝古城的希腊人。1907年，荣格送了一本《格拉迪娃》给弗洛伊德。同年，弗洛伊德对这个故事进行了精神分析评论，是为《詹森〈格拉迪娃〉中的幻觉与梦》，并献给詹森。弗洛伊德在《自传》中说："我曾通过詹森写的一篇本身价值并不大的短篇小说《格拉迪娃》来说明，可以用解释真梦的方法来解释虚构的梦，在'梦的工作'中，我们熟悉的那些无意识机制在创作过程中也同样在起作用。"

第一章

有些人认为，通过笔者近期一部著作[1]的努力，梦的本质之谜已解决了，并认为这已成事实。但这些人的好奇心，有一天终于又被勾了起来。因为现在的问题涉及梦的种类，这些可都是他们闻所未闻的梦，都是一些由想象丰富的作家创造并用来塑造故事中人物的梦。对梦的种类进行研究，似乎

---

[1] 指《释梦》（1900）。

是浪费精力、不可理喻的怪事；但换个角度来看，还是很有道理的。远非人人认为：梦有意义，可以解释。如果让科学家或大多数有文化的人对梦做个解释，他们往往一笑了之。只有普通人，也就是那些十分迷信并在这一点上因循守旧的人，继续坚信梦是可以解释的。《释梦》的作者在严谨科学的责难面前，敢于充当守旧和迷信的同党。的确，《释梦》的作者根本不信梦能预测未来。因为从远古时代起，人们就用尽手段孜孜不倦地试图揭开梦的面纱，却都徒劳无获。但是就是这位作家也不完全否定梦与未来之间有着某种联系。因为通过千辛万苦对梦做了一番分解之后，他发现梦本身原是做梦人的某种愿望的反映，而谁能否认人为的愿望不是针对未来的呢？

我刚才说了，梦是实现了的愿望。任何一位有胆量阅读这本深奥难懂的书的人，任何一位不因贪图省事硬将深奥复杂的问题说成简单易懂，甚至为此不惜以诚实和真相为代价的人，都能从我提到的这本书中找到阐述这一论题的详细证据。当然，毫无疑问他会有不同意见，不同意在梦与愿望的实现之间画上等号。

不过我们扯得有点太远了。现在的问题还不是梦的意义可否总被解释成愿望的实现，可否常常代表某种焦急的期盼、一种意愿或反思，等等。相反，首先要提出来的问题是，梦究竟是否有意义，是否应该看作心理事件。科学的回答是否定的。科学将梦看作一种纯粹的生理过程，因此，也就根本没有必要去寻找意义或目的。科学还认为，生理刺激在睡眠过程中作用于心理，也就意识到了这个或那个没有任何心理内容的意念。因此，梦也只好比作头脑的抽搐，根本算不上有意义的心理活动。

在这场关于如何评价梦的争论中，充满想象的作家们似乎站在了古人、迷信的大众和《释梦》的作者一边。因为当作家通过梦的想象来塑造人物时，他遵循的是日常经验，即人们的思想、感情会一直延续到睡梦中，目的无非是通过主人公的梦来刻画他们的心理状态。不过有创意的作家都是些可贵的盟友，他们所提供的证据应该得到高度评价。因为这些人往往上知天文、下晓地理，而这一切单凭传统哲学是难以梦见的。他们对人类心灵的了解，远远超前于我们这些普通人，因为他们的素材来源是科学尚未企及的。要是赞同梦有意义的作家们所提供的这一证据再明确一点，该有多好啊！作家们既不支持也不反对有些梦具有某种心理意义。挑剔的人，很可能意见相左；他们很想说明，作为清醒生活的旁枝，沉睡的头脑是如何在其中刺激依然活跃的情况下，抽搐起来的。

但即使是这一冷静的观点，也丝毫不影响我们对作家们利用梦的方式感兴趣。这一追问即使未能给我们提供有关梦之本质的新意，但也许能够使我们从这一角度去洞察一下创作的本质。真正的梦已认为具有不受约束的无规则结构，而现在我们又面对着对梦的大胆模拟！然而精神活动却远非我们假想的那样自由和随意——甚至有可能根本就不自由，不随意。我们在客观世界中称之为或然性（chance）的那一切，很可能都可以转化成规律（laws）。因此，我们所谓的心灵的随意性也是遵循着一定规则的，只不过我们现在才开始隐约感到罢了。好吧，就让我们来看看我们发现的那一切吧！

有两种方法可用于这样的研究。其一，深入到个案中去，即深入到某一位作家某一部作品的梦创造（dream-creations）中去；其二，搜集并对比不同作家运用梦的作品。第二种方法或许更有效，抑或是唯一可行的。因为它使我们一下摆脱了使用"作家"（writers）这一人为的概念时遇到的那些麻烦。在研究中，这一类化各具价值的个体。其中有些就被我们通常尊为人类心灵最深邃的观察家。尽管如此，我们的篇幅还是要围绕着第一种追问方式。最初想到这一方法的人[1]回忆说，在他刚刚读过的一部小说中，有好几个貌似眼熟的梦，使他跃跃欲试用《释梦》介绍的方加以解释。他承认那部小说的题材以及背景在给他带来愉快的方面，无疑起到了重要作用。故事发生在庞贝古城，说的是一位年轻考古学家放弃了自己的生活兴趣，一心扑在这些经典的古迹上。他的路线奇怪却绝对合乎逻辑，最终绕来绕去又回到了现实生活之中。在享受这一充满诗意的故事时，读者心中会激起各种各样与故事有关又和谐的想法。这就是威廉·詹森的短篇小说《格拉迪娃》，作者自己曾称之为"庞贝的幻想"。

现在，我应该请读者先放下这篇文章，花点时间来熟悉一下《格拉迪娃》这部作品（它最早摆进书店是在1903年）。这样，我在后面再提到它

---

[1] 指荣格。

时，读者也就不陌生了。考虑到有些读者已读过《格拉迪娃》，我扼要地说说故事的内容。同时，我所遗漏的细节就要仰仗各位读者的记忆，使故事恢复原有的魅力。

年轻的考古学家诺伯特·汉诺尔德（Norbert Hanold）在罗马一家古董博物馆里发现了一件浮雕，他被深深吸引住了。他弄到该浮雕的一件石膏副本时，开心极了。这样，他就可以把它挂在自己在德国一所大学的书房中，天天观赏。这件作品表现的是位发育成熟的姑娘正踮步前行。裙角微微撩起，露出那双穿着凉鞋的脚。一只已稳稳踏地。另一只则刚刚抬起正要跟上，只有脚尖触地，而脚底和脚跟几乎与地面垂直。也许，正是这一不寻常的、独具魅力的步态，引起了雕刻家的兴趣，并在多少个世纪后让一位身为考古学家的崇拜者目不转睛。

主人公对浮雕的兴趣，是小说叙述的一个基本心理事实，这一点并非一下就能说通。"考古学讲师诺伯特·汉诺尔德博士对这件浮雕的特别兴趣，其实与他的学科无关。"（3页）[1] "他自己也说不清，到底是什么引起了他的特别注意。他只知道有什么东西吸引着他，而且从那以后就一直吸引着他。"但是他的想象一刻不停地围绕着那件浮雕。他发现浮雕中有某种"现代"气息，仿佛艺术家朝马路只瞥了一眼，就"从生活中"抓住了它。他给画中那位踮步前行的姑娘取名"格拉迪娃"——"踮步前行的姑娘"。[2] 他编了一个故事，说她肯定出身豪门，也许是在刻瑞斯（Ceres）[3] 手下效忠的古罗马市政官的女儿。姑娘正在去神庙的路上。后来，他发现，姑娘沉静的天性与京城忙碌的生活格格不入。他坚信，姑娘一定是到了庞贝古城。在那里，她沿着那些稀奇的石阶，横穿重见天日的马路。这些石阶可让雨季横穿马路的人不湿脚，但也会使马车的轮子陷在里面。他觉得她的五官像希腊人。他毫不怀疑，姑娘就是海伦的后代。他把自己的考古学知识，一点又一

---

[1] 括号中的数字指《格拉迪娃》1903年版的德文本中的页码。下同。
[2] 关于这一名字的来源，下文将进一步解释。
[3] 罗马神话中的谷类女神。——中译注

点地全都用到了对这件浮雕原型的想象之中。

现在，他发现自己遇到了一个看似科学的问题需要解决。这就需要他做出判断，"格拉迪娃踮步前行的步态究竟是不是雕刻家依据生活原型复制出来的？"他觉得自己没本事去模仿那种步态。为了弄清这种步态的"真实性"，他"观察着自己在生活中的步态，以便弄个究竟"（9页）。然而这一切使他进入了一个全然陌生的行为过程。"到目前为止，女性性别对他来说，与大理石或青铜制物的概念没什么区别。他还从未对自己这个时代中体现这一性别的人物，有过丝毫的在意。"对他而言，社交应酬一直是难以回避的头疼事；在社交场合偶然遇到一些年轻女士，他也很少与她们再次交往，以至于下次相遇，他会无动于衷地擦肩而过。他这样做当然不会给女士们留下什么好印象。然而现在，科学任务迫使他在晴朗（更多是在阴雨）的天气里，如饥似渴地观望着马路上那些映入眼帘的女人或姑娘的双足——这一行径使他的观察对象有的侧目，有的赞许；"但他都没有意识到。"（10页）经过仔细研究，他不得不得出一项结论：格拉迪娃的步态在现实生活中并不存在。这一结论令他既遗憾又苦恼。

此后不久，他做了一个可怕的梦。梦中，维苏威火山喷发的那一天，他正好在庞贝古城，目睹城市的毁灭。"他当时正站在靠近丘比特神庙的广场边上，突然看到格拉迪娃就站在离自己不远的地方。他这才意识到她也在场。但是转瞬间他又觉得一切仿佛是那么自然。她既然是庞贝人，自然住在自己的家乡啦。而且**没想到的是，姑娘和他竟是同时代人。**"（12页）姑娘面临着灭顶之灾，他不由得惊叫着提醒她。但是她听到惊叫后，一边平静地踮步前行，一边扭头转向他，继续前行，好像什么事也没有一样。就这样，一直走到阿波罗神庙门廊。她在一个台阶上坐下，头枕着石阶慢慢躺了下去。她的脸色愈加苍白，犹如大理石一般。他赶紧跟了过去，发现她平躺在宽阔的石阶上，表情安详，仿佛睡着一般，最后从天而泻的火山灰埋没了她的身躯。

他醒来时，庞贝城居民求救的嘈杂声和怒海低沉的浪涛声，仿佛还在耳际回荡。他虽然意识清醒，知道那是大都市清晨的喧嚣，却仍在相当一段时间内深信梦中所见确有其事。虽然他最后终于不再认为自己曾亲历两千年前庞贝城的毁灭,却仍然坚信格拉迪娃曾住在庞贝城,并在公元79年与其他人一起被火山灰掩埋在那里。这场梦的影响是,只要幻想中再次出现格拉迪娃,他就会像失去亲人一样感到悲痛。

他把身子探出窗外,满脑子依旧是这些念头。街对面房子敞开的窗户里有一只金丝雀在笼子里啼啭,这吸引了他的注意。突然,没有从梦中缓过气来的年轻人,心中咯噔闪过一念。他觉得看见街上有个很像格拉迪娃的人,并认为自己认识她那独具个性的步态。他想都没想,就跑到街上去追她。结果路人对他那一大清早的打扮哄笑不已,这才使他又匆匆跑回屋里。回屋后,那只笼中雀的鸣叫又引起了他的注意,他不由得认为自己与鸟儿有着几分相像,好像也关在了笼中,只不过他要逃离这个笼子更容易些。"似乎是受了那个梦的影响,但也许是春天气候温暖的缘故,他终于下了决心,到意大利去春游。科学研究是个现成的理由,尽管这次旅行的冲动源自某种难以名状的感觉。"(24页)

现在让我们停顿一下,暂且不管这次为这些难以令人相信的理由而做的旅行,而是先来看看主人公的人格和行为。在我们看来,这个人还是那么不可理喻和愚蠢。我们难以理解他的这种古怪的傻念头与人类情感有什么关系,又如何能唤起我们的同情。当然,作家有权不向我们明说。作家语言之美,小说创意之独特,都让我们有了一时的满足并对他产生了信赖,相信我们会对他创造的主人公表示同情。关于这一主人公,作家还告诉我们他子承父业,成了考古学家。后来,主人公将自己封闭起来,与世隔绝,完全沉浸在自己的研究中,完全远离尘嚣,远离生活之乐。对于他来说,大理石和青铜本身就具有真正的生命力。这两样东西就足以体现人类生活的目的和价值。可是大自然也许是出于种种善意,向他的血液里注入了一种与科学毫不相关的中和剂——一种极其生动的想象,不仅出现在其睡梦中,而且也出现在其清醒时。想象与理智间的这种差别,使他注定不是成为一名艺术家,就是变成一名神经症患者。他属于那种在其理想王国而远离尘嚣的人。他对一件表现一个姑娘以特殊步态行走的浮雕作品产生了浓厚兴趣,接着便围绕这位姑娘开始编织自己的幻想,想象着她的名字和出身,想象着她可能生活在一千八百年前遭到毁灭的庞贝古城。最后,经历了一场奇特的焦虑的梦后,他对这位名叫格拉迪娃的姑娘的生死想象演变、放大成了一种妄想，并制约了他的行为。想象会造成这样的后果，这在现实中是令人震惊和难以理喻的。由于我们主人公诺伯特·汉诺尔德是一个虚构人物，所以我们可以向作家提一个谨慎的问题：这位年轻人的想象是不是想象力自身随意性之外的某种作用力所致？

刚才我们说到，故事的主人公之所以要去意大利旅行，显然是因为听到了金丝雀的啼啭。他的意大利之行的目的也不是十分清楚。我们还知道他没有制定明确的旅行计划和目标。内心的焦躁和不满足，驱使他从罗马前往那不勒斯，又从那儿赶往下一站。他发现周围都是一群群度蜜月的情侣，不知不觉中留心起"埃德温"和"安吉莉娜"这对情侣来[1]，但是实在不能理解他们的行为举止。他得出的结论是，人类所有的愚蠢行为中"当首推结婚。这是最不可理喻的事情。其中到意大利蜜月旅行更是人类荒谬的登峰造极"。（27页）在罗马，因为有一次睡觉时被身边的情侣吵醒，他便急忙逃到了那不勒斯。结果，在那里又遇到了其他的情侣。从那些情侣的交谈中，他了解到他们中的大多数人无意到庞贝古城废墟上逗留，而是要前往卡布里岛。于是，他决定背道而驰，到庞贝古城去。可仅仅几天工夫，他就发现自己在庞贝古城的一切"与当初的愿望和意图适得其反"。

在那里，他没有得到自己追寻的宁静，相反，以前破坏他情绪，扰乱他思绪的情侣，现在换成了家蝇。而他常常把苍蝇看作绝对邪恶和一无是处的化身。这两种不同类型的精神折磨被合二为一，因为苍蝇的出双入对使他想起了那些形影不离的情侣，而且他怀疑苍蝇之间也是用"亲爱的埃德温"和"安吉莉娜，我的宝贝"之类的话语来彼此称呼。他终于明白"自己的不满情绪并不仅仅是环境造成的，部分原因在于自己"（42页）。他感到"自己之所以总是不满，是因为好像缺了什么，但又不知那到底是什么"。

第二天上午，他通过"英格莱索"[2]进入庞贝，甩掉了导游，在城里漫

---

[1] 原文是"奥古斯特"和"格丽特"。由于故事中这两个名字常常出现，所以最好还是用两个在维多利亚后期英语中常常用来指度蜜月中的情侣的名字。

[2] 原文是意大利语"Ingresso"，意思是"入口"。——中译注

无目的地闲逛。奇怪的是，他竟然想不起来不久前自己曾在梦中来过庞贝古城。后来，到了"炎热神圣的"正午时分，也就是古人视作鬼魂显灵的时候，其他游客都已无了踪影。放眼望去，层层废墟裸露在阳光下，一片荒凉景象。这时，他感到自己能够重返早已湮没的生活——不用借助科学的力量。"科学教会我用无生命的考古学方式观察事物，它所使用的是一种僵死的哲学语言。这一切对于用精神、用情感、用心（你愿意怎么说就怎么说）去认识，没有丝毫的帮助。谁渴望认识它，就一定要独自站在这儿。作为这里唯一的生灵，在炎热的正午时分，面对万籁俱寂的千古残垣，去看但不用眼，去听但不用耳。哦，接着……逝者复苏，庞贝又现生机！"（55页）

他以丰富的想象使往昔再现时，突然看见那浮雕的原型格拉迪娃从一所房子中走出。没错！她正踩着雀步从熔岩铺就的踏石上走向街对面。和他那晚在梦中所见的一模一样。当时，她躺在阿波罗神庙的石阶上，像是要睡觉。"伴随着这些记忆，另一种东西又首次出现在了他的意识之中。因为还没有感觉到自己内在的冲动，他便已经来到了意大利，来到了庞贝古城。为了追寻她的芳踪。他在罗马和那不勒斯并未停留。这是严格意义上的'踪迹'，凭她那独特的步态，一定会在火山灰上留下一个与众不同的脚趾印。"（58页）

作者抓住我们的那股劲儿，到了这个关键时刻已经成了令人痛苦的困惑感。先是面对一幅浮雕石像，后又成为想象人物的格拉迪娃的幻象时，不仅我们的主人公失去了镇静，就连我们读者也不知所措了。难道她是我们的主人公的妄想误导产生的错觉吗？她到底是"真实的"鬼，还是活生生的人？我们不必真的信鬼才能提出上述问题。作者把自己的故事称作"幻想"，但他至此并没有找到机会告诉我们，他是想把我们留在这个被贬为受科学规律制约的无聊世界，还是想把我们送到另一个鬼灵和鬼魂都是实实在在的想象世界中去？我们都看过《哈姆雷特》和《麦克白》，因此准备毫不犹豫地跟着他。这样，这位想象力丰富的考古学家的妄想，就得用另外一个尺度来衡量了。说实在话，想到一个大活人的长相与古代浮雕上的形象一模一样该有多么令人难以置信时，我们的猜测就会缩减为两个：其一，是错觉；其二，是正午时分显灵的鬼魂。故事中的一个小细节很快就可以排除第一种可能：

一只巨蜥在阳光下很是舒坦,身体一动不动地躺在地上。但是,格拉迪娃临近的脚步惊动了蜥蜴,它一下窜上熔岩铺就的踏石,逃走了。因此,这一切不可能是错觉,而是做梦人的心外之事。难道说现实的再生[1]惊扰了蜥蜴?

格拉迪娃消失在了墨勒阿革洛斯宫(House of Meleager)前。如果我们听说诺伯特·汉诺尔德对自己的妄想苦追不放,认定鬼魂显灵的正午时分庞贝古城又将生机再现,并认为格拉迪娃也将复活,将走进公元79年8月厄运降临日之前她一直居住的那所屋子时,我们不要感到惊讶。他在内心揣度着房屋主人(在其身后的房屋可能又被重新命名过)的性格,以及格拉迪娃与他的关系。这表明他的科学知识现在完全服务于他的想象。他走进墨勒阿革洛斯宫,顿时又发现了幻象。她就坐在两根黄色柱子间的低矮石阶上。"在她的膝上放着一件白色的东西,他认不出那是什么,似乎是张莎草纸……"他根据自己近来对她出身的判断,用希腊语跟她打招呼。他内心激动地等着,看看以鬼灵面目出现的她,是否具有语言能力。因为她没有作答,他又用拉丁语向她问候。这时,在她唇间露出一丝微笑。"如果你想跟我说话,"她说,"你该用德语。"

对我们读者来说,这真是丢人啊!看来作者是在拿我们寻开心呀。他利用庞贝城阳光的反射,把我们步步诱入一种妄想,使我们对正午毒日下这个可怜人的评价不至于太苛刻。现在我们短暂的困惑也得到了解决,我们知道格拉迪娃是位有血有肉的德国姑娘——这是我们认为最不可能的一种结局。现在,我们带着某种偷偷的优越感,来看看这位姑娘与其大理石形象间到底有着什么样的关系;看看我们这位年轻的考古学家是如何产生幻想,并一步步虚构出姑娘实实在在的人格的。

我们的主人公可并没有像我们一样,迅速从妄想中摆脱出来。因为正如作者所言:"虽然他的信念使他感到快乐,但他也不得不接受许多神秘的现象。"(140页)此外,这种妄想的内在根由在他身上,并不在我们身上,

---

[1] 原文是意大利语"rediviva"。——中译注

因而我们对之一无所知。至于他的情况,无疑只有积极的治疗才能使他重新回到现实中来。同时,他所能做的,就是将自己的妄想与刚刚经历的美好体验吻合起来。格拉迪娃早已随着庞贝古城的毁灭灰飞烟灭了。因此,她只能是在正午显灵时重返阳间并作短暂停留的鬼魂。可是他在听到她用德语回话后,却大声说:"我本来就知道你说话的声音是这样的!"这又是怎么回事呢?不仅我们,怕是那姑娘本人,也要提出这样的问题了。汉诺尔德必须承认,他从未听那姑娘开口说过话。虽然在梦中她躺在神庙的石阶上睡着时,他曾向她呼喊并一心想听到她的声音。他恳求她重复她以前做过的那个姿势。可是这回她站了起来,用一种奇怪的目光看了他一眼,然后几步就消失在庭院的圆柱之间。此前,曾有一只漂亮的蝴蝶围着她翩翩起舞,飞了一会儿。他把这解释为一个来自冥府的信使,提醒这位死去的姑娘应该回去了,因为正午显灵时刻已近尾声。在姑娘消失之前,汉诺尔德抓紧时间向她喊着:"明天中午你还来吗?"我们现在可以不揣冒昧对这一情景做出并无夸张的解释。姑娘似乎感到汉诺尔德对她讲的话有些不妥,带着受到侮辱的感觉离他而去。她毕竟不知道他做过的梦。难道她没有觉察到他的请求带有情色性质吗?汉诺尔德的眼神中流露出来的动机不是与他的梦境有关吗?

格拉迪娃消失了。我们的主人公先是在狄俄墨得斯旅馆,仔细打量着聚在那里吃午饭的所有客人;接着他又来到瑞士旅馆进行同样的观察。这下,他可以肯定,在庞贝古城他知道的这两家旅店里,没有一人长得与格拉迪娃哪怕是有一丁点儿的相似。他当然还是很可能放弃了在这两家旅店里遇到格拉迪娃这种不切实际的念头。此时,喝着在维苏威火山灰土壤上酿造出来的葡萄美酒,加剧了他大白天一直有的头晕目眩感。

第二天,只有一件事是计划好的。那就是,在正午时分再次赶到墨勒阿革洛斯宫去。在等待那一刻到来的过程中,他没有沿着常规的路线走,而是翻越古城墙到达了庞贝。身旁一枝常春花伸在那里,白色花瓣呈古钟状。对他来说,这又充满了玄机,分明是朵阴间的花,却等着他摘下带走。但是他在等待时,似乎觉得整个考古科学是世界上最无趣、最无聊的东西。因为另外一种兴趣已占据了他的心灵。那就是这样一个问题:"逝者格拉迪娃又活了,哪怕只在正午时分。像这样一种肉身显现的鬼灵之物,其本质到底是什么呢?"(80页)同时他也有些担心,担心哪天见不到她,因为她或许回去后要隔很长时间才会再来。所以,当他再次看见她出现在两根柱子之间时,他还以为是想象在作怪。他痛苦地喊了起来:"噢!你要是还在,还活着,该有多好啊!"然而这一次他显然看错了。因为那幻象会说话,并问他意思是不是指为她摘朵白花。接着,他俩又前言不搭后语地做了一次长谈。

不管怎么说,在他的读者看来,格拉迪娃作为一个大活人早已变得很有意思了。作者解释说,前一天她那厌恶和拒绝的目光,今天变成了一种探索和好奇的表情。现在,她真的开始向他提问了。她请他解释前一天他的问话是什么意思,并问他她躺下要睡觉时他站在她身旁,是什么时候发生的事。如此一来,她知道了他做的那个梦。在梦中,她随着自己家乡的城市一同毁灭了;她还了解到让考古学家如此痴迷的那件大理石雕像和那种步态的事。现在,她又很乐意再表演一次那种步态。唯一不同的是,雕像上穿的是凉鞋,今天她穿的是双浅黄色的高级皮鞋。对此,她的解释是为了与现在的时代合拍。她显然又渐渐进入他的妄想,想从他嘴里套出所有的细节,丝毫不做辩驳。只有一次,当他说一眼就认出她就是雕像上的人时,她似乎是出于自身情绪的缘故,显得有些不安。他们聊天到了这种程度,她对那件雕像还是一无所知,因此很自然会误解汉诺尔德的话。可是,很快她便调整好自己的心理,恢复常态。然而只有我们才能看出,她似乎话中有话,好像除了妄想背景下的那些意义之外,还有某种现实和现代的意义。例如,当她得知他在大街上的实验中没有能够成功地证实格拉迪娃的步态时,竟说:"真可惜!不然的话,你也就不必大老远地到这儿来了!"(89页)她还得知,他给雕像上的她取了个名字叫"格拉迪娃",并告诉他自己的真名叫"佐伊"(Zoe)。"这名字很合适你,可是在我看来它像是一种苦涩的嘲讽,因为佐伊意指生命。"她回答说:"一个人必须向不可抗拒的事情低头,长期以来我已经习惯于死掉了。"她答应第二天正午还在老地方见面。告别时,她又一次请他为她摘下一枝常春花。她说:"对于幸运的人,春天给他们送上玫瑰。但是对于我这样一个人来说,你应该送上一束遗忘之花才是呀。"无疑,对一个死了很久,又重返阳间仅几小时的人来说,忧郁无疑是很适当的。

我们现在渐渐明白，并且有点眉目了。如果格拉迪娃凭借那位年轻姑娘的身体得以重返阳间，而且又完全采信汉诺尔德的妄想，她这么做很可能是为了让他从妄想中解脱出来。要达到这一目的没有其他途径；如果反驳他，那就连一点希望都没有了。即使对这类真实病例的严肃治疗，也只能让患者来到产生幻觉的原地并尽可能详尽地研究它，除此之外别无他法。如果佐伊是从事这一工作的合适人选的话，我们很快就会知道治疗一个像我们的主人公这样的患者应该如何进行。我们也会很高兴知道这种妄想是如何产生的。如果对这种妄想的治疗与我们的分析相一致，如果在对这个病例进行剖析的过程中我们能够对其病因进行准确的解释，那么这的确是一个奇怪的巧合，然而我们确实拥有此等实例。当然，我们也有理由怀疑，这样一来，我们的这个病症最终不过是一个"司空见惯"的爱情故事罢了。不过，爱情这一治愈力量作为消除妄想的途径，也不应被忽视。我们这位主人公对格拉迪娃塑像痴迷般的爱恋，不就是一个坠入情网难以自拔的完整例子吗？只不过他所热恋的是过去的且没有生命的东西罢了。

格拉迪娃消失了，万籁俱寂。唯有某种遥远的声音，像是掠过城市废墟上空的一只鸟儿笑语般的鸣叫。年轻人又孤身一人了。他捡起了格拉迪娃遗忘的一件白色东西。那不是一张莎草纸，而是一个速写本。上面用铅笔画满了庞贝的各式景色。我们应该把她将速写本落在那里理解成是她还要回来的一种誓约，因为我们相信一个人如果不是出于某种秘密的原因或是隐含的动机，是不会忘记东西的。

这一天剩余的时间里，汉诺尔德又有了各式各样奇怪的发现和证据，但他却无法将它们串联出个整体来。今天，他看到门廊的墙上格拉迪娃消失的地方有一条窄窄的但瘦人足以钻过去的缝。他认为，佐伊-格拉迪娃没必要从这里重返阴间。这个念头让他觉得真的太不合情理了，竟因自己曾将此当真而感到几分难为情。她很有可能通过这一豁口返回墓穴。他仿佛看到一个淡淡的影子，消融在墓园街尽头，人们所知的狄俄墨得斯旅馆前。

跟前一天一样，他又觉得头晕目眩，还是那些相同的问题困扰着他。他开始绕着庞贝古城外围徘徊。他不明白，佐伊-格拉迪娃的肉体本质究竟是什么？如果摸一下她的手会有什么感觉？一种奇怪的冲动驱使他决心试一下。然而另外一种同样强烈的抵制心理却使他放弃了这种想法。

在洒满阳光的山坡上，他遇见一位上了年纪的先生。从穿着上可以看出，他一定是动物学家或植物学家。这位先生似乎在专心致志地狩猎。他转向汉诺尔德说道："你也对法拉格兰尼西斯（faraglionensis）感兴趣吗？我是从来没有怀疑过，可是它很有可能并不仅仅出现在卡布里岛那边的法拉格兰尼群岛上（Faraglioni Islands），或许在大陆上也有。我们的同事艾默（Eimer）[1]设计的方法的确不错，我已经使用过多少次了，效果很好。别出声……"（96页）他戛然而止，把一只草圈放在一条石缝前。缝中有只蜥蜴露出闪着光亮的蓝色小脑袋在窥探着。汉诺尔德带着一种自责离开了蜥蜴狩猎者。他想象不出是什么愚蠢和不可思议的目的，引导着人们长途跋涉来到庞贝古城。不用说，这些人中并不包括他本人。他并不责备自己来到庞贝古城的灰烬中追寻格拉迪娃的足迹。他感到那位先生有些面善，想不起在两家旅店的哪一家曾见过这张脸。他那招呼的方式也像是在跟老相识说话。

他走着走着，来到了人行道旁的一所屋子前面。他从没见过的这个房子原来是第三家旅店——"太阳旅馆"（Albergo del Sole）。房东闲来无事，趁机向客人炫耀他的客房，卖弄他的古董。他坚持说，那天在广场边发现那对知道厄运难逃、相拥至死的恋人遗骸时，他也在场。汉诺尔德以前听说过这种传闻，都是听后双肩一耸：不就是一些想象丰富、喜欢编造故事的人的无稽之谈吗？然而今天房东的话使他开始有点相信了，尤其是当房东拿出一枚绿锈斑斑的金属胸针，说这是从姑娘遗体旁的灰堆中挖掘出来的时候，他就更加确信无疑了。汉诺尔德毫不犹豫地买下了这枚金属胸针。他离开这家旅店时，看到一扇大敞的窗户里，一枝开满白花的常春花在那里摇曳点头。葬礼花枝的出现，使他确信手中物品是真的。

可是有了这枚胸针后，新的妄想或者说为旧幻想加了点新内容，让他难以自制。这对于已经开始的治疗，似乎并不是一个好兆头。一对相拥至死的年轻恋人的遗体，就是在阿波罗神庙附近距广场不远的地方挖掘出土的。

---

[1] 19世纪下半叶的一位著名动物学家。

在他的梦中，格拉迪娃就是在阿波罗神庙附近躺下睡去的。有没有可能，她事实上经过广场又往前走了一段，遇到了一个人，后来他们就一起死在了那里？他心头的这种猜疑，使一种我们可以称之为嫉妒的痛苦之情油然而生。他反思了这件事情在构成上的不确定性，这才使心情恢复了平静，并在狄俄墨得斯旅馆吃了晚饭。在这里，他的注意力被两位新到的男女游客吸引住。尽管头发颜色不同，但他们在相貌上却有着相似之处。他据此判断，他们多半是手足之情。他们是汉诺尔德踏上旅途以来，首次留下好感的人。姑娘身上佩带的一朵红色索兰托玫瑰，引起了他的某种回忆，但又想不起来到底是什么。后来他睡觉时，又做了一个梦。梦的内容并无什么意义，但显然是白天经历的大拼凑。"在某个地方，格拉迪娃坐在阳光下，用草编制的圈套捉住了一只蜥蜴，她说：'别吱声。我们的女同事是对的，这个方法的确不错，她用这个方法效果很好。'"他摆脱了梦境，但还是呼呼睡着。他在寻思，这简直是疯了。这时，一只看不见的鸟发出了一声短促的笑语般的鸣叫，用喙叼住那只蜥蜴，飞走了。这才帮他从睡梦中彻底摆脱出来。

尽管有这些乱七八糟的梦，他还是带着一种更清新、更平和的心情醒了过来。一根玫瑰枝上开满了玫瑰花，与他前一天在那位年轻姑娘的胸前看到的那朵玫瑰花同属一类。这样他想起好像夜里有人说过人们在春天赠送玫瑰。他不假思索就摘了几朵。这花一定有什么特殊之处，使他心理上产生了放松效果。他感到以往那种孤僻的心情不见了，他捧着玫瑰花，带着金属胸针和速写本，满脑子都想着与格拉迪娃有关的问题，沿着常规路径朝庞贝古城走去。这时，原先的妄想开始破裂。因为他开始怀疑格拉迪娃是否真的在庞贝；她是否仅在正午时分出现，而且在其他时间也出现。不过他的重点已经转移到一些新内容上了。跟这些新内容有关的嫉妒心理，在以各种各样的伪装形式折磨着他。他甚至希望幻象只能让他的眼睛看见，而别人却无法感知；这样，他就可以不顾一切把她视为自己的私有财产。他四处闲逛，等待着正午时分的到来。这时，他却看见了自己不曾料到的场面。在牧神之家（Casa del Fauno）的墙角里有两个人，他们一定以为没有人会看见他们，因为他们彼此相拥，嘴唇紧紧贴在一起。他很惊讶地认出，他们就是前天晚上曾给他留下好感的那一对男女。可是，他们现在的行为似乎与兄妹不相称。

因为在他看来，他们拥抱和接吻的时间似乎太长了点。这么说，他们是一对恋人，或许是正在度蜜月的年轻夫妇——又是一对埃德温和安吉莉娜。然而奇怪的是，这次见到他们却让他感到了满足。他有些诚惶诚恐，好像打断了某种秘密的忠诚行为。他不看了，缩了回来。一种久违了的肃然起敬的感觉，又回来了。

来到墨勒阿革洛斯宫时，他再次被一种强烈的恐惧所笼罩。他怕看见格拉迪娃和别人在一起。因此，当她出现时，他能够想得出的问候语成了："你是孤身一人吗？"他好不容易才从她的反应中觉察到自己还为她带来了一朵玫瑰花。他向她坦陈了自己对她的最新妄想——她就是那位在广场上出土的、与恋人相拥的女子；他买来的那枚金属胸针就是她的。她不无嘲讽地问他，那件玩意儿是不是又在太阳里找来的？太阳（她用了意大利单词"sole"）专做各种各样类似那玩意儿的东西。他说自己有些头晕。她提议他们应该一起吃顿野餐，这样可以让他的大脑放松一下。她递给他半个用餐巾纸包着的煎饼卷，自己吃另外一半。她看上去胃口很好。她在嚼脆皮的时候，那口漂亮的牙齿闪烁于朱唇之间，并发出轻微的嘎吱嘎吱声。"我觉得我们以前好像一起吃过这样一顿饭，是在两千年前吧，"她说，"你想不起来了？"（118页）他不知如何回答。但是食物使他大脑轻松了许多，加上她一言一行都表明她的实际存在，这一切都不可能对他没有影响。他的理智开始慢慢恢复，并对把格拉迪娃当成正午时分的鬼魂的妄想，产生怀疑——当然，从另一方面讲，她说两千年前曾与他共同进餐无疑也是值得推敲的。他想出一个试验来解决这一矛盾：这一次，他又鼓起勇气，小心谨慎地去实施。她手指纤长的左手搁在双膝上，这时有只家蝇飞来飞去，既莽撞无礼又不合时宜，惹得汉诺尔德很是恼怒。突然，他举起手掌，一巴掌将苍蝇打在了格拉迪娃的手上。

这一大胆试验产生了两个结果：首先，他得到了一个愉快的发现。那就是，他的确碰到了一只实实在在的温暖的活人手。可是，接着从格拉迪娃嘴里发出的责怪却使他惊恐地从石阶上跳起来。她先是吃了一惊，待恢复以后，便冒出这么一句："你肯定是疯了，诺伯特·汉诺尔德！"众所周知，叫醒一个沉睡者或梦游者，最好的办法就是喊他的名字。然而，不幸的是，我们没有机会看到，格拉迪娃叫他名字的时候（在庞贝他可没有将自己名字告诉任何人）他做出的反应。在这个关键的时刻，汉诺尔德在牧神之家遇到的那对讨人喜欢的恋人出现了。那位年轻的姑娘用惊喜的腔调喊道："佐伊！你也在这儿呀？和我们一样在度蜜月吗？你给我写信时可只字未提呀！"在格拉迪娃确实存在的新证据面前，汉诺尔德溜之大吉了。

对于这次不期而遇，佐伊-格拉迪娃也感到意外的不快。显然，她正在进行的一项重要工作受到了打扰。可是，她还是很快调整好自己，流利地回答了这个问题。她向朋友——甚至也向我们——解释了她为什么会在那里出现，以便能够使她摆脱这对年轻夫妇。她向他们表示祝贺，并说自己并不是在度蜜月。"刚才走开的那个年轻人，精神有些错乱，他好像认为自己的脑子里有一只苍蝇在嗡嗡作响。呃，我想每个人的脑袋里都有某种昆虫，我该研究研究昆虫学，以便遇到类似情况时，我可以提供点帮助。我和我父亲住在太阳旅馆，他的脑子里也有什么东西钻了进去，因此才有了带我一起来庞贝的好主意，条件是要我玩得开心，并且不向他提出任何要求。我对自己说，一定要亲自在这里发掘出什么好玩的东西。当然，我真没想到会发现我已经……我指的是有幸遇到了你，吉莎。"（124页）但是，她马上接着又说，自己得走了，要陪父亲去"太阳"吃午饭。她说完，就离开了。经过她的介绍，现在我们知道了她就是那位捕捉蜥蜴的动物学家的女儿。她还闪烁其词地向我们承认了她的治疗意图和其他秘密企图。

然而她走的方向却并不是朝向父亲等她的太阳旅馆。她似乎看见一个影子般的东西在狄俄墨得斯旅馆附近寻找自己的坟墓，后来便消失在一块墓碑的后面。于是，她朝着墓园街走去。每走一步，脚几乎都是垂直抬起。汉诺尔德在害羞和慌乱中也逃到这里了。他在花园的门廊里不停地来回踱着步，用理智的力量来整理遗留的问题。他觉得有件事已变得非常明朗，难以否认：他竟然毫无理智地相信，自己结交了一位重返生命且在一定程度上是有鼻子有眼的庞贝姑娘。毋庸置疑，对妄想的这一清晰认识，是他在重返健全认识之道上迈出的关键一步。可是从另一方面说，其他人与这位活生生的姑娘说话时，他们好像也把她当成与自己一样是有鼻子有眼的。这姑娘的名字就叫格拉迪娃，而且她还知道他的名字。他那尚未清醒的理智还不足以解开这个谜团,情绪也不够平静,感到无力面对如此艰巨的工作。他真的希望自己能在两千年前与庞贝城里的那些人一起被埋在了狄俄墨得斯旅馆。这样,他就肯定不会遇到佐伊-格拉迪娃了。

然而那种想再次见到她的强烈愿望,战胜了他心中尚存的逃离念头。

他转过柱廊四个转角中的一个时,突然退缩了。在一块断石壁上,坐着一位当年死在狄俄墨得斯旅馆里的姑娘。他真想再一次躲进妄想王国,但很快又抑制了这一想法。不,这是格拉迪娃。她显然是为他做最后一个疗程的治疗而来。她相当准确地判断出,他本能的第一反应是企图逃离这座建筑。她向他解释说,要想离开是不可能的,因为外面已经大雨滂沱。她一点面子都不给,接着就开始问他想把她手上的苍蝇怎么处理。他虽然没有胆量使用某个具体的代词[1]了,但却有勇气做一件更为重要的事——向她问一个关键性的问题:"正如有人说的那样,我头脑里相当混乱,我为打了您的手向您道歉……我真的闹不明白自己怎么会这么糊涂……我也不明白那只手的主人,怎么会喊着我的名儿来指正我的失态。"(134页)

"这么说,你还是闹不明白呀,诺伯特·汉诺尔德。但是我可以说,对此我一点也不吃惊。长久以来,你已经让我习惯这一点了。我不必来庞贝就能看到你的这一点,你也可以在一百多英里之外,离家近一点的地方就能证实这一点。"

"少跑一百英里呀,"她解释说,因为他还没闹明白。"你房间邻街的斜对面拐角处有一所房子。在我的窗前挂着一只鸟笼,里面有着一只金丝雀。"

当他听到这最后几个字的时候,仿佛唤起了遥远的记忆:一定是这只鸟的鸣叫使他动了到意大利旅行的念头。

---

1 第二人称单数形式的代词。这一点上,下面的内容在英语中肯定译不出来。在与格拉迪娃的谈话中,他一直使用着第二人称单数的形式。毫无疑问,其中的部分原因在于,这是古典用法。然而,既然他发现自己的谈话对象是位现代德国姑娘,他一定感到第二人称单数的形式过于熟悉和亲密。而另一方面,格拉迪娃却一直在用第二人称单数的形式跟他说话。(英语中不分普通形式的"你"和表示尊敬的"您"。这里的"第二人称单数的形式"指的就是中文中的"你"。——中译注)

"我父亲理查德·伯特冈是动物学教授,他就住在那所房子里。"

原来如此!她既然是邻居,就知道他的长相和名字。我们感到非常失望,因为问题的结局平淡无奇,不值得我们翘首以待。

诺伯特·汉诺尔德说话时,一脸没有反应过来的样子:"这么说,您……您是佐伊·伯特冈小姐?可她长得一点儿都不一样呀……"

伯特冈小姐的回答表明,他俩除了纯粹的邻里关系外,似乎还有着其他关系。她可以使用用于熟人的"你"(du)来讲话。

正午时分,他与鬼灵讲话时也曾很自然地使用过这一人称形式,但与这位活生生的姑娘讲话时却一直避而不用。她为自己辩解说:"如果你觉得使用正式的称呼更合适,我也可以使用那种称呼。可是,我还是觉得用现在的方式讲话,嘴皮子更自然些。我不知道自己看上去是否跟以前有所不同。那时,我们可是常常像好朋友一样在一起疯呀,有时还变着法地你搡我一下,我捶你一拳。可是,如果您[1]这几年来也曾把我放在眼里的话,您就会明白我成现在这模样已经有相当一段时间了。"

这么说,两人间还有过一段童年友谊,说不准还是青梅竹马呢。用"你"(du)还是很有道理的。这一结局或许像我们起初怀疑的那样,平淡无奇。然而,如果我们明白这一童年关系意想不到地解释了两人现在接触中的大量细节时,我们就进入了一个更深的层次。就拿汉诺尔德打佐伊-格拉迪娃的手来说吧,为了必须证实鬼灵的身体是否实实在在的问题,他找了一个十分有说服力的理由。同时,这不也显然是佐伊所说的他们童年时期"你搡我一下,我捶你一拳"那种冲动的重现吗?请再想一下,格拉迪娃曾问考古学家是否记得,两千年前两人曾像这样一起吃过一顿饭。如果我们用姑娘还记忆犹新但小伙儿却似乎已经淡忘的两人间的童年去代入那段历史,这一不可理喻的问题似乎立刻就有了眉目。这一发现让我们明白,年轻的考古学家对格拉迪娃的幻想,可能是他忘却的童年记忆的回光返照。如果这样

---

[1] 从这里一直到她的下一段话的中部,佐伊鼓足了勇气也用起了"您"(Sie)来称呼。

的话，这些幻想就不是他随意想象的结果，而是受到那些虽已忘却但事实上还起作用的童年印象的制约，只是他本人没有意识到罢了。我们应该能够将幻想的根源详细地揭示出来，即使我们只是做些推测而已。例如，他曾想象格拉迪娃一定具有希腊血统，是某名士——比如谷神祭司——的女儿。这好像与他知道她有一个希腊名字佐伊，来自动物学教授之家这两个事实非常吻合。但是，假如汉诺尔德的幻想只是记忆变形的话，那么从佐伊·伯特冈提供的信息中，我们有望找到那些幻想的根源。让我们来听听她一定会说的那些话吧。她已经说了，他们童年时就亲密无间。现在，我们再来听听这种童年关系的进一步发展吧。

"那时，其实一直到人们开始叫我'大姑娘'时，我也不知道为什么那么地依赖着您，真的认为世界上除您以外，再也找不到更加亲密的朋友了。我没有母亲，也没有兄弟姐妹。我父亲只对蜥蜴感兴趣，对我则漠不关心。每个人（包括我和其他姑娘）都会有牵肠挂肚的事儿。那时，您就是我唯一的牵挂。可是当我发现您被考古学迷住心窍时——您一定要原谅我这么说，不过我觉得您这文雅的言辞实在太荒唐了。再说，这与我想说的那一切也不吻合——像我刚才所说的那样，你[1]变得（至少在我看来，无论如何都）让人接受不了了。你目中无人，沉默寡言，更别提什么对孩童时代我们友谊的记忆了。而我却没有忘怀呀！显然，这就是我与以往不同的原因。在街上遇到你，最近的一次是在去年冬天，你总是对我视而不见，更是听不到你开口。你并不是只对我一人这样，对他人也是如此。我在你眼里只是一阵风罢了。而你，虽然长着一头漂亮头发——过去常常是我给弄乱的——却像白鹦标本一样呆板干枯，一言不发。有时，你又傲气得像只——始祖鸟（archeopteryx），是的，一点不假，人们对出土的大洪水以前的鸟怪，就是这么称呼的。只有一件事我没怀疑过。那就是，你心中同样也有我这个人比较傲气的幻想，幻想我是在庞贝，像其他东西一样，因出土而重获生命。当你出乎意料地突然出现在我跟前时，我竟一下子闹不清你头脑中怎么会有那么乱七八糟的想法。后来，我反倒觉得好玩，尽管有点疯疯癫癫的，却还是

---

[1] 从现在开始，她终于又用"你"来称呼了。

让我很开心。因为,我不是告诉过你了吗,我从未怀疑是你。"

就这样,她向我们一五一十地说了,两人的童年友谊在多年后的情况。在她那里,这种友谊逐步发展并使她完全坠入爱河,因为姑娘总是想心有所寄。聪明、清纯的佐伊小姐,向我们敞开了心扉。尽管作为常理,心智健全的姑娘第一次爱上的总是自己的父亲,佐伊除了父亲之外再无他人,就更会这么做了。可是,父亲却没有给她留下什么。他太痴迷自己的科学研究了。所以,她不得不将视线投向周围的人,尤其依恋在一起做游戏的小伙伴。当他不再理睬她时,她的爱并未因此动摇,反而有增无减。因为他变得很像她的父亲,后来也和他一样心中只有科学并因此而疏离了生活,疏离了佐伊。在恋人身上再次发现父亲的影子,一种情感两个对象,或者我们也可以说,在她的感情中这二者是相同的。这就使她有可能在自己的"不忠"之中保持着忠贞。我们的这个心理学分析合理性在哪儿呢?随意性又在哪儿呢?作者只向我们提供了一个细节,但这一细节非常具有典型意义。佐伊说起自己当年的游戏伙伴变了时,她真的非常伤心,骂他是只始祖鸟。这可是动物考古学中关于鸟怪的一个术语。但就这么一个具体的术语,她就把两个人物的同一性给说出来了。她用相同的词,既埋怨了自己心爱的人又埋怨了父亲。可以说,始祖鸟是一个折中观念或中介观念。[1]这一观念中,有着她对自己心仪男子愚钝言行的看法。而这又恰恰与她对父亲的看法相似。

对这位小伙子来说,情况却朝着不同方向发展。考古学让他废寝忘食,并使他只是对大理石和青铜的女性雕像感兴趣。他的童年友谊没有进一步发展成激情,反而无疾而终了。他对此的记忆变成了一个很大的遗忘,当他再次遇见自己的童年伙伴时,竟未能认出,或者说从来就没有注意过她。诚然,如果我们做进一步的考察,我们会怀疑"遗忘"到底是不是关于这位年轻考古学家的这些记忆状况的正确的心理学描述。有一种遗忘,特点是外部的刺激再强都难以唤醒,似乎某种内在的抵抗抑制着记忆的复苏。这类遗忘,在精神病理学中称作"抑制",作者给我们提供的这个病例好像就是这

---

[1] 在梦中,确切地说,只要在原始的心理过程占主导地位的时候,这类观念都有着重要的作用。

种抑制。现在，我们在总体上并不知道印象的忘却是否与脑中的记忆痕迹的消退有关。但是，我们可以十分明确地说，"抑制"与记忆的消退或消失并非同时出现。事实上，受抑制的内容通常很难轻易地进入记忆之中。但是它却保留了产生有效行为的能力，并且在某个外部事件的影响下，终有一天会产生某种心理后果。这些心理后果可以看作对遗忘记忆加以修正或衍生的结果。如果我们不用这种观点来看，这一切仍将是不可理喻的。我们好像已经看出，诺伯特·汉诺尔德有关格拉迪娃的幻想，源自他那受到抑制的对佐伊·伯特冈童年友谊的记忆。如果一个人的情色感觉仰仗于某种受到抑制的印象，或者说一个人的情色生活受到抑制的侵扰时，这种受到抑制的记忆有望按某种特殊的节律得到恢复。有句古老的拉丁谚语说的就是这类情况。虽然，它最初可能只是用来指外部影响的排斥，而非内心冲突。这句谚语就是："你可以用草叉铲除自然，但她总会回来。"（Naturam expelles furca, tamen usque recurret.）当然，这句谚语并没有告诉我们一切。它只是让我们知道了，那一部分的自然还会恢复这一**事实**，却没有提到非常值得关注的恢复**方式**。因此，恢复以某种居心不良的背叛行为得以实现。倒是选来当作抑制工具的东西——就像拉丁谚语中的草叉（furca）——成了恢复的载体，因为在抑制力量的内部或背后，受抑制的东西最终胜出了。这一事实很少有人注意到，却很值得好好深思。费利西安·罗普斯（Félicien Rops）的一幅名气很大的蚀刻画，比许许多多的例子都更加生动地阐明了这个事实；它采用的是圣人和忏悔者生活中一个典型的抑制例子。一个禁欲的僧侣无疑是在外界的诱惑下，逃到了受难的救世主像前。此时，十字架掉了下来，犹如影子一般。光艳四射中，一个也摆着受难姿势的丰满、赤裸的女性形象，升腾而起并取而代之。其他一些缺乏心理学学识的艺术家在表现类似的诱惑时，只是在受难救世主的旁边安排一个目空一切、盛气凌人的"原罪"。只有罗普斯把"原罪"恰恰放在十字架上救世主所在的位置。他似乎已经明白，受抑制的一切复苏时，它就在抑制力量中诞生。

很有必要在此停顿一下，以便使我们自己能够通过这些病理学的个案相信：当受到抑制的一切又抑制了所有手段时，人的心灵会变得多么敏感；仅凭细枝末节的相似性，受抑制的一切就足以从抑制力中突现出来，并借助它产生效应。我曾经给一位年轻人做过治疗——当时他几乎还是个孩子——在他初次并非主动地知道了性事之后,便开始逃避自己内在的每一次性欲冲动。就为这一目的,他用了各式各样的办法来抑制。结果,这一切反倒增进了求知热情,大大加强了他对母亲的依赖,总之养成了一种孩子性格。在此,我不想深谈他那受到抑制的性欲是如何再次突破他与母亲的关系的;我要谈的是一种罕见的怪事。那就是,他的另一道防线,怎么会在条件并不充分的情况下也垮了。数学享有排遣性欲的美誉之冠。一个对卢梭(Jean-Jacques Rousseau)不满的女人,要他记住如下劝言:"断了女人心,搞数学去吧!"(Lascia le donne e studia la matematica!)因此,我们的这位逃避者,也抱着一种特殊的热情一头扎进了中学学过的数学和几何学里了。直到有一天,他的理解力突然在一些显然很容易的问题面前垮了。求证两个问题应该是可能的:"两个物体互相接近,其中一个以……速度"云云,以及"有一个圆柱体,直径是m,请求圆锥的……"云云。其他人,肯定不会把这些问题看成是对性事的暗示,而他却感到连数学也背弃了他,于是连数学他都躲避了。

　　如果现实生活中真有诺伯特·汉诺尔德其人,曾借助考古学来放逐爱情和童年友谊的话,他那已遭遗忘、对童年时所爱姑娘之记忆的复苏应该正是一个古代雕像。这是合乎逻辑、符合规律的。他爱上格拉迪娃的大理石像也是命中注定的。在此背后,由于某种难以言明的相似之处,他曾忽视的生活中的佐伊也让他感受到了自己的影响。

　　对于年轻考古学家的妄想,佐伊小姐本人似乎和我们有着相同的看法。因为,在结束那段"坦率、具体、很有教育意义的严厉批评"时,她所表露的满意之情的根据正是在于,她认识到汉诺尔德对格拉迪娃的兴趣从一开始就与她本人有关。而这一点,她恰恰并没有料到。但也正是这一点,尽管有着许多妄想性伪装,她还是一眼就看到了本质。然而她对汉诺尔德实施的精神治疗,现在产生了积极的效果。他感到轻松了,因为他的妄想已经被新的东西所置换了。而这新的东西不过是一件扭曲了的、不完整的复制品而已。他再也不用迟疑就能想起她,认识到她就是当年一起做游戏的那个善良、欢快、聪明的伙伴。她在本质上根本没有变化啊！但是他又感到有些事真是太奇怪了——

"你的意思是，"姑娘说，"有人为了再生而不得不去死；毫无疑问，考古学家一定是这样的。"（141页）显然，她不能原谅，他借助考古学将童年友谊发展为两人正在形成的新关系这一迂回做法。

"不，我指的是你的名字……，因为'伯特冈'与'格拉迪娃'意思相同，都是说某人'非常阳光地踱步前行'。"[1]（142页）

对此，我们自己都没准备。我们的主人公开始一扫自己的谦恭态度，积极主动起来。显然，他的妄想症已完全治愈了。他已从中摆脱了出来，并想亲自扯断妄想之网中的最后几缕来加以证明。这也正是患者在挑明并抛弃了受到抑制的内容以此缓解妄想之念后的所作所为。一旦患者明白了，他们就能用突然想到的种种念头，自己去解开自身古怪状况中那些最终也是最重要的谜题。我们已经猜到了，想象中的格拉迪娃的希腊血统，是希腊名"佐伊"依稀作用的结果。但我们还没有大胆地去触碰"格拉迪娃"这个名字，只把它作为诺伯特·汉诺尔德想象中不着边际的玩意儿放过罢了。不过，哎哟，你瞧！[2]这个名字现在看来也是一个派生词——确切地说是个译词。它是派生于或译自估计他早已遗忘的童年时曾爱恋着的姑娘的姓氏。这个姓氏一直被抑制在记忆之中。

现在，对妄想的追踪及其分解，就算完成了。作者加上那些内容，无非想给故事设计一个大团圆的结尾。这个年轻人一度那么可怜，急需治疗。现在，我们对这年轻人的前途真的感到放心了，因为我们听说他康复得越来越好，还能唤起曾对她苦恋的情感呢。后来，他还让佐伊醋劲十足。原来啊，说起那个讨人喜欢曾打断他俩在墨勒阿革洛斯宫前窃窃私语的姑娘时，

---

[1] 德文词根"bert"或"brecht"（即伯特冈小姐姓名中的"伯特"——中译注）与英文中的"bright"（"明亮"——中译注）意义相近；同样，"gang"与英文中的"go"（"走"——中译注）意义相近（在苏格兰也是说"gang"）。

[2] （古语）看哪！瞧！Lo and behold! 哎哟，你瞧！（叙述惊人的事情前的用语。）——中译注

他竟承认那是他第一次认认真真喜欢上一个女人。一听这话，佐伊准备掉头就走，说反正现在一切又很理性了——自己并非没有理性；他可以再去找吉萨·哈特尔本（不管她现在叫什么名字），给她的庞贝之旅的目的中也来点科学成分。而她本人一定得回太阳旅馆，因为父亲还在那里等她一块吃午饭；他们也许在德国的某次晚会上，也许在月球上，还有机会见面。然而他又故技重演，以赶走那只讨厌的苍蝇为由，先是碰了她的脸蛋儿，然后是双唇，竭尽一个男人在求爱时应有的主动。只有一次，阴影似乎又降临在他俩的幸福之上。当时，佐伊申明自己真的一定要回到父亲那儿去了，不然他就要在旅店里挨饿了。"你父亲？……会出事吗？……"（147页）可是，聪明的姑娘能够很快打消他的担忧。"也许没事，我又不是他的动物藏品。如果是的话，我就不该傻到把整个心都掏给了你。"然而只有让她父亲和她观点不一致，才是万全之策。汉诺尔德只需去卡普里岛走一趟就行了。捉只蝎虎（他可以在她的小拇指上练习一下捕捉技术了），拿来放生。然后，再当着动物学家的面去捉住它，并让他在大陆蝎虎和女儿间做个选择。这一计谋貌似容易，但是带有苦涩的嘲讽。这是一种警告，似乎要她的未婚夫不要过于接近她之所以选择他的心理原型。诺伯特·汉诺尔德在此又宽慰了我们的心，因为种种蛛丝马迹都表明，他发生了巨大的变化。他提议，自己跟佐伊应该来意大利、庞贝度蜜月，好像他从未对蜜月中的埃德温和安吉莉娜生过气一样。他对毫无必要千里迢迢从德国赶来的那些幸福情侣的不满情绪，已完全从记忆中消失了。作者在这里用丧失记忆作为汉诺尔德态度转变的一种可信标志，这无疑是对的。对于"自己的这位从某种意义上说也是从废墟中出土的童年伙伴"（150页）所提出的这项蜜月计划，佐伊回答说，自己还真的没有感到精神抖擞到跑这么远的地步。

现在，美丽的现实取代了妄想；不过在这对恋人离开庞贝前，妄想还会有幸再现的。他们走向赫库兰尼姆城门（Heaculanean Gate）[1]，此处正是通向康梭拉乐街（Via Consolare）的入口。街面由古老的踏石横铺而成。

这时，诺伯特·汉诺尔德停下脚步，请姑娘走在前面。她心领神会，

---

[1] 赫库兰尼姆城是与庞贝同时毁于火山喷发的意大利古城。——中译注

"左手稍稍提起裙子，佐伊·伯特冈——格拉迪娃的再生——款款而行。他仿佛在梦中一般注视着她。哦，踏着轻盈的雀步，踩着洒满日光的踏石，她向着街对面拾步而行"。在爱情的欢呼中，在妄想中，那美丽可贵的一切终得赏识。

然而在他的"从废墟中出土的童年伙伴"这一比喻中，作者给了我们解开这一象征的钥匙。而主人公的妄想正是借助着这一象征，伪装了他那受到抑制的记忆。其实，没有什么比"湮没"更适合用来比作"抑制"了。因为抑制就是将记忆深埋心底一时无法取出；而湮没正是后来靠着一铲一铲的努力而重见天日的庞贝古城遭受劫难的根源所在。确切地说，作者绝对有理由，反反复复不放掉他凭着细腻的感觉，捕捉到的个人特定的心理过程，以及人类历史中孤立的历史事件间的一个难能可贵的相似性。[1]

第二章

但是，说穿了，我们一开始也只是想借助一定的分析方法，来研究一下《格拉迪娃》中的两三个梦例。我们竟然分解了整个故事，并研究了两个主要人物的心理过程，怎么会出现这种情况呢？其实，这并不是件可做也可不做的工作，而是一项不可或缺的预备。同样，我们试图去理解真人真梦时，就一定要好好关心这个人的性格和职业。我们不仅要了解他临梦前的经历，还要掌握他很久以前的经历。我甚至认为，现在还不具备展开我们核心工作的条件。我们应该再反反复复围绕着故事本身，做好进一步的预备工作。

我的读者无疑会吃惊地发现，到目前为止，我在分析诺伯特·汉诺尔德和佐伊·伯特冈这两个人物的心理表现和心理活动时，好像一直把他们当作真人而非作者的虚构来进行的，仿佛作者的内心是绝对透明的，无所折射或遮挡的。作者将故事称为"幻想"，这就否认了它的真实性。这就使我的

---

[1] 弗洛伊德本人在此后的一些文章中，都曾用庞贝的厄运来比作抑制。例证参见此后不久所写的《鼠人》。

做法更加令人觉得不可思议了。然而我们却发现故事中的描述完全是现实的真实写照。因此，我们不得不说《格拉迪娃》并不是对幻觉的描述，而是一项精神病研究。作者在设置那些并不合乎现实规律的情节时，只有两次行使了自己作为作者的权力。第一次，作者让年轻的考古学家巧遇一件无疑是古代的石雕。而肖像又与很久以后的一位真人极为相似，不仅踮步前行时脚的特殊姿态像，五官轮廓和身段姿态也很像。这竟使那位年轻人把那人的出现当作雕像的复活。第二次，他安排年轻人在庞贝与那位活生生的姑娘见面，因为在他的想象中，那死去的姑娘就埋在了那里；其实，庞贝之旅反而使他离自己居住的小城街上见过的那位姑娘越来越远了。退一步而言，作者的这一情节安排并不完全背离现实可能。它只是利用了"巧合"这个在很多人的经历中无疑起过作用的东西。而且作者对"巧合"的使用是成功的。这种巧合反映了某种定数，使逃避成了一种工具，将人送到自己本想躲避的地方。第一个情节安排更偏重于幻想，好像完全是从作者的随意取舍中蹦出来似的——但这一情节安排却是以后其他情节的依据。如果作者严肃选择的话，雕像与真人间的相似之处，将仅限于踮步前行时脚的姿态这一特征。我们在此可能会想，随它去，让我们那光怪陆离的幻想去与现实连接吧。"伯特冈"这一姓氏也许能指明这样的事实：这个家族的女性，早在古代就因其优雅的独特步态而与众不同；我们可以猜想，德国的伯特冈家族是罗马家族的延续。其中一名女成员让一位艺术家以雕像的方式，把她独特的步态永久保存了下来。然而，既然人类形体的变化彼此相关，既然事实上古代的形体也在我们自己身上重现（正如我们在艺术作品集中看到的那样），那么今日的伯特冈完全有可能全面再现自己古代的前辈的身体结构和形态特征。不过，更明智的做法无疑是，我们不要胡思乱想，而是向作者本人追问这部分创作的源泉。那样，我们完全有可能再次表明，貌似随意的取舍其实是建立在一定规律之上的。然而既然我们无法得知作者心中的创作之源，我们就让他拥有全权，在不可能的情节安排之上，去讲述完全忠实于生活的故事吧。在《李尔王》一剧中，莎士比亚也运用了这一权力。

除此之外，必须重申的是，作者向我们显示了一项完全正确的精神病学研究。根据这一研究，我们可以对心理加工，即对那些为强调医疗心理学的某些基本理论而设计的个案史和治疗史进行认知上的检验。奇怪的是，这本不是作者该做的呀。可是，如果真的向他问起，他又矢口否认有这种动机，那该怎么办呢？在事物间做个类比、找点意义，都是举手之劳。我们没有将有违作者意图的意义，偷偷塞进这个充满诗情画意的动人故事里吧？可能吧。我们过会儿再来讨论这个问题。现在，我们努力完全用作者自己的语言来讲这个故事，避免对故事做出任何有倾向性的解释。只要将我们讲的《格拉迪娃》与原文做个比较，谁都会承认这一点。

说不准在多数人眼中，我们将作家的这一小说归为精神病学研究类，是在帮倒忙。听说作家绝不该碰精神病学，应该把对病理心理状态的描写留给医生去做。但事实上大凡真正具有创造性的作家，都不遵从这一禁令。对人类心理的描写，很大程度上也确实是他们分内之事。自古以来，他们就是科学的先驱，因而也是科学心理学的先驱。但是，正常心理与病态心理间的界限既具有约定性，也具有极大的波动性。结果，我们每个人都很可能在一天之中无数次跨越这一界限。另一方面，精神病学如果想把自己的研究永远局限在因精妙的心理器官遭受重创而导致的那些不治之症，那它就大错特错了。健康方面不太严重的偏差是可以矫正的，其原因我们今天也查明了，不过就是心理力量的交互作用发生紊乱。可是精神病学仍然对这些感兴趣。说句老实话，也只有通过这些手段，才能理解什么是常态，什么是重症现象。因此，富有创造性的作家不能回避精神病学家，精神病学家也不能回避富有创造性的作家。实践证明，对精神病学的题材进行诗意的创作，是正确的，且无损其美。[1]

千真万确！这就是一幅有关个案史和治疗史的充满想象的画面。既然故事讲完了，悬念也解开了，我们能够观点一新地用我们这门科学的术语去重构这一故事。在这一过程中，必然会重复一些前面讲过的故事，但我们并不觉得这是件难堪的事。

一提起诺伯特·汉诺尔德的精神状态，作者总说是"妄想"。我们没

---

[1] 弗洛伊德有关创造性作家运用精神病学素材的讨论，可参见他去世后发表的《戏剧中的变态人物》（1942a）。这篇文章的写作时间可能早于本文一两年。

理由拒绝这一名称。我们可以摆出"妄想"的两大特征。诚然，它们虽不能穷尽对妄想的描述，但总还是可以将它与其他精神错乱明显地区分开来。其一，它是一组病态现象之一。这些病态现象不会直接对身体产生影响，而是通过心理征兆表现出来。其二，它的特征在于，种种"幻想"事实上占了上风——也就是说，得到了人们的相信并因此获得了对行动的某种影响力。如果我们想起来了，汉诺尔德的庞贝之行是为了寻找格拉迪娃在灰烬中留下的独特脚印，我们也就有了妄想影响行为的绝好例子。精神病学家或许会把诺伯特·汉诺尔德的妄想归入"偏执狂"这一大类，并可能把它说成是恋物色情狂。因为这种妄想最突出的一点是，主人公恋上了那个雕像，同时还因为在精神病学家看来，这位年轻的考古学家对脚和脚姿的兴趣，势必让人想起"恋物癖"。当然，根据内容对不同种类的妄想所进行的这些分类和命名，总让人觉得很玄。[1]

既然我们的主人公能够在一种奇特嗜好的基础上产生一种妄想，那么严谨的精神病学家会立即给他打上"退化"（dégénéré）的烙印，并着手研究他的遗传素质。因为这可能正是无情导致他遭此命运的原因。然而在这部作品里，作者很高明地没有按照精神病学家的那一套去做。他想的是使这位年轻人离我们近些，再近些，以便"移情"更容易些。但是，如果诊断为"心理退化"——不管正确与否——会立刻使这位年轻的考古学家与我们形成距离。因为我们的读者都是正常人，是衡量人性的标准。作者也没有过分关注主人公的遗传特征和先天的生理条件，而是深入到可能导致这种妄想的个人心理结构之中。

诺伯特·汉诺尔德在一个重要方面的行为表现，与普通人大大不同。他对活生生的女人提不起精神，使他成为奴仆的科学主子，剥夺了他这方面的兴趣，并将其置换为大理石或青铜女性雕像。这可不能看作微不足道的特性，恰恰相反，它是将要说到的那些事件的基本前提条件。因为有一天，终于发生了那件事：一个像上面提到的那种特殊雕像出现了，引起了他的全部

---

[1] 事实上，诺伯特·汉诺尔德的个案应该归为癔症性妄想而非偏执狂妄想。在他的妄想中没有偏执狂的特征。

兴趣。而通常只有活生生的女人，才会使人如此亢奋。随着这种兴趣，妄想也来了。接着，展现于我们眼前的是，他的妄想如何通过一次幸福的转机得到了治愈，活生生的女人又重新置换回他对大理石塑像的兴趣。作者并没有向我们一五一十地说明，到底是什么使这位年轻人疏远了女人；他只是告诉我们，年轻人的态度不能用先天性向（disposition）来解释。与此相反，性向中恰恰有着一定程度的想象的（我们或许还可以加上"情色的"）欲求。正如我们在故事后面的情节中所看到的那样，他在孩提时代并不回避其他孩子。比如：当时，他和一位小姑娘产生了友谊，成了难分难舍的伙伴；跟她一起分吃自己的零食，常常揉她一下，也让她弄乱他的头发。童年未成熟的情色冲动正是表现在这种互相依恋、互相爱慕又互相攻击的行为中。其结果只在后来才表现出来，但到那时冲动已难以抗拒了。童年时期的情色冲动，通常只有医生和创造性作家才看得出来。我们的这位作家清楚地向我们表明，他也持这一观点，他让主人公突然对女人的脚及其走路的姿势产生了强烈兴趣。这种兴趣注定会使他在科学界、在他所居住的小镇的妇女中臭名远扬。那可是恋脚狂的臭名呀！可是我们难免要到他对童年的游戏伙伴的记忆中去寻找这种兴趣的根源，因为这位姑娘在童年时无疑已展现出与此相同的特殊雅姿：踱步前行时，脚趾几乎抬成与地面垂直。正因为那件古代大理石浮雕表现了相同的步态，诺伯特·汉诺尔德才觉得它如此重要。我们在此顺便加一句，作者引出这一明显的恋物现象时，是非常尊重科学的。自艾尔弗雷德·比内（Alfred Binet）以来，我们其实一直努力到童年时代的情色印象中去寻求恋物现象的根源。[1]

这种长期逃避女人的状态，会导致一个人对妄想是否形成非常敏感。这种特性也就是我们习惯上所说的"性向"。当一个偶然印象唤起了他已忘却但至少仍有情色色彩痕迹的童年经历时，精神错乱加剧了。然而如果我们考虑到随后发生的事，就会发现"唤起"（arouses）一词使用不当。我们必须

---

[1] 比内有关恋物现象的观念，在弗洛伊德的《性学三论》（1905d）中有所讨论。1920年，他又添加了一个脚注，对这些观点提出质疑。在《性学三论》的另一脚注中，有弗洛伊德在文中引用过的大量这方面的参考资料。

使用正确的心理学专业术语，来重复作家的精确描述。诺伯特·汉诺尔德看见这件浮雕时，并没有忆起曾在童年伙伴那里见过相似的步态；虽然他什么都想不起来，但是这件浮雕所产生的一切效应，却都源于他童年印象铸就的这一切。所以，童年印象得到了搅动，慢慢活跃起来，产生作用。但这时它还没有进入意识——用当今精神病理学无法回避的一个概念来说，仍是"潜意识的"。我们非常着急并认为，潜意识的概念不能搅和到哲学家和自然哲学家的争论之中。他们的争辩常常只有词源意义而已。我们暂时还没有更佳的词汇，来指已经产生但并未达到当事人意识状态的心理活动过程。这就是我们所说的"潜意识"。如果某些思想家要对这种潜意识的存在进行质疑，理由是它无法被感知，那么我们只能猜测他们从未见识过这样的心理现象。他们还被套在常规经验之中，以为只要心理活动活跃、强烈起来，就一定可以意识到。他们必须知道（我们的这位作家在这方面还是十分在行的），绝对有这样的心理过程，尽管能产生非常强烈的效应，却多多少少未被意识到。

我们稍前曾说过，诺伯特·汉诺尔德对与佐伊童年关系的记忆，处在"抑制"状态；我们在此就称之为"潜意识"记忆。因此，我们现在得注意一下这两个术语间的关系。确切地说，它们在意义上似乎有些相吻合。要弄清这一点并不难。"潜意识"是个宽泛概念，"抑制"则是窄义概念。凡是受抑制的，都是意识不到的；但我们不能断言，凡意识不到的，都受到了抑制。如果汉诺尔德看到浮雕前是记得他从前的佐伊那步态的，那么他先前潜意识的记忆就会在活跃的同时被意识到。这表明，这一记忆先前并未受到抑制。"潜意识"，是一个纯描述性术语，在某些方面是不确定的，或者说是静态的；"抑制"则是一种动态的表述，它考虑到了各种心力（psychical effects）间的互动，它意味着有某种力，正试图形成所有的心理效应（包括进入意识的效应）。但是同时还存在着一种反作用力，能阻碍这些心理效应（仍然包括进入意识的效应）的出现。受抑制的标志，恰恰就是尽管强烈但进入不了意识。因此，在汉诺尔德的个案中，从浮雕出现那一刻起，我们关心的就是受到抑制的潜意识的东西，或者干脆说，受抑制的东西。

诺伯特·汉诺尔德童年时与那位走路姿势优美的姑娘间有着很好的关

系，然而这一记忆受到了抑制；但是这还不是关于这一心理情境的正确观点。我们始终停留在问题表面，因为我们只考虑到记忆和意念（ideas）。在精神生活中，唯一有价值的是感情。如果心力（mental forces）不具有唤起感情的特征，那么它们就没有意义。意念受到抑制，仅仅是由于它们与不应该发生的感情释放形成了关联，或者，说抑制作用于感情似乎更正确些，可是只有在感情与意念的联系中，我们才能认识到这一点。诺伯特·汉诺尔德的情色感情（erotic feelings）受到了抑制。由于他的情色欲望除了童年时的佐伊·伯特冈之外别无其他对象，所以有关她的记忆便遗忘了。那件古代浮雕唤起了蛰伏在他身上的情色感情，使他的童年记忆又活跃了起来。由于他身上存在一种对情色欲望的抵制力，因此这些记忆只能以潜意识的形式产生效果。现在，在他身上情色欲望的作用力与抑制它的作用力之间正进行一场较量，其表现形式就是妄想。

我们这位作者略去了对抑制主人公情色欲望原因的平铺直叙；因为汉诺尔德对科学的痴迷显然是抑制的一个手段。医生在这一点上虽然可能会看得更加深入，但也许就是想不到原因之所在。但是正像我们一直赞不绝口的那样，作者却表明受到抑制的情色欲望，是如何恰恰在成为抑制手段的那一切中产生的。一点不假，正是一件古董——一个女人的大理石雕像，阻止了考古学家对爱情的逃避，并警告他要偿还人类自有生以来就对生活所欠下的这笔债。

雕像在汉诺尔德身上引发的心理过程的第一个表现，就是围绕浮像上的人像所产生的幻想。在他眼里，浮像似乎有点现代气息，给人的感觉是艺术家似乎"从生活中"捕捉到她踮步前行在大街上。他给古代浮雕中的姑娘取名"格拉迪娃"。这来自奔向战场的战神称号——"战神格拉迪娃"（Mars Gradivus）。他给她的人格一个又一个特征：她可能出身名门，父亲也许是负责神庙事务的；他认为能够依据她的五官特征推测出她的希腊血统；最后，他觉得一定要让她远离尘嚣，所以就把她移置到了宁静平和的庞贝古城，让她在那里，踏着熔岩形成的踏石从街道的一边走向另一边。（11页）他的这些幻想的内容似乎非常随意，却真的不容怀疑。确切地说，当这些内容第一次诱发他的行为时——即这一步姿是否与现实一致的问题在考古学家的心头挥之不去，并使他开始在实际生活中观察妇女和姑娘时——就连这一行为本身也蒙上了有意识的科学动机，好像他对格拉迪娃雕像的兴趣完全出自对考古学的那种职业关注。（12页）他选作研究对象的街上的那些妇女和姑娘，肯定会以某种赤裸裸的情色眼光来看待他的行为。我们也不禁认为她们是对的。我们可以毫不怀疑，正像他对何以会有格拉迪娃幻想一无所知一样，汉诺尔德对自己的研究动机也一无所知。我们后来得知，这一切正是他童年记忆的反映，是那些记忆的衍生、变形和歪曲，因为它们不能以其本来面目进入他的意识领域。这件雕像具有某些"现代"气息，这一表面的美学判断使他意识不到那种步态是由一个他曾熟悉的姑娘过马路时做出来的。雕像"来自生活"的印象以及有关她希腊血统的幻想，掩盖了他对佐伊（希腊语中指"生命"）这一名字的记忆。在故事结尾处，当主人公的妄想症治愈后，我们才从主人公口中得知"格拉迪娃"就是"伯特冈"这一姓氏的准确翻译，意指"某人非常阳光地或灿烂地踮步前行"。（37页）幻想中有关格拉迪娃父亲的细节，来源于汉诺尔德的记忆：佐伊·伯特冈是一位受人尊敬的大学教授的女儿。在此，大学可以转译成某些古典术语，如"神庙事务"。最后，他的幻想之所以把她送到了庞贝城，并非"因为她那恬静、稳重的性格向往这个环境"，而是因为在他的学科里没有其他更好的情景可以表现他当时那种特殊的精神状态了。在这一状态中，他通过模糊的信息渠道想起了童年友谊。他一旦把自己的童年与历史的过去放在了一起（他很容易做到这一点），那么，作为把过去之消失与过去之保存合二为一的庞贝的埋葬，与他通过所谓"内心"知觉所得知的抑制之间，就有了一种绝对的相似性。在此，他使用的是作者在故事结尾处让那位姑娘有意识地使用的那种象征手法："我对自己说，我自己应该在这里挖出点有趣的东西来。当然，我并没有指望会看到，我曾……"（124页）她在故事结尾处答应汉诺尔德的蜜月计划时，提到"她的童年朋友从某种意义上说也是从废墟中挖掘出来的"。（150页）

因此，在汉诺尔德妄想性幻想和行为的第一组结果中，我们已经发现了两类不同来源的决定因素。一类是汉诺尔德本人十分清楚的；另一类则是我们在考察他的心理过程时发现的。前者从汉诺尔德的观点来看，是他能意识到的；后者则完全是潜意识的。前者完全来源于考古学的科学概念范畴；后者则始于受到抑制但已在他心中开始活跃的童年记忆，以及依附于这一记忆的情绪本能。这可以说是一类决定因素浮于表面却遮蔽了另一类决定因素，使其藏匿在了背后。科学动机可以说为潜意识的情色动机提供了借口，而科学也已经完全服务于妄想。然而不应忘记的是，潜意识的决定因素并不能在发挥什么效应的同时，又满足意识科学的决定因素。妄想的症候——幻觉及幻觉行为——事实上是两股"心理流"（mental currents）妥协的产物。在妥协中，双方对妥协的要求都得到了考虑；但是任何一方都必须放弃自己的部分要求。哪里有妥协，哪里就先有斗争——这一冲突存在于我们假设的受抑制的情色欲望与抑制它的种种作用力之间。在妄想的形成过程中，这种斗争其实是没有休止的。在每一次妥协达成后，新的攻防又会产生。因此，永远没有完全满足的时候。我们的作者也深谙此道。这就是为什么他要安排一个独特的不安因素，制约着这一时期故事主人公的心理错乱，并以此作为故事情节的展开和进一步发展安排的保证。

　　这些大有文章的特征——幻觉与决定的双重动机和主要是以受抑制内容为动机的、有意识的行为借口的提出——在后来的故事中我们还会经常看到，或许会看得更清。这样安排很合理，因为作者这样就抓住并表现了精神疾病心理过程的一个错不了的主要特征。

　　诺伯特·汉诺尔德的妄想开始是个梦。这个梦因为并不是由任何新事件引起的，所以好像完全来自他那充满矛盾的心灵。但是在我们接着追问作者在构思汉诺尔德的梦时，是否像我们想象的那样对主人公有着深刻的理解前，先暂停一下。我们需先追问，精神病理学是如何解释有关幻想起因的那些假设的？对抑制和无意识的作用、对冲突和妥协的形成，精神病学采取了什么态度？简言之，让我们看看，这篇充满想象、有关妄想起因的描述，在科学的判断面前能否站得住脚。

　　这里，我们不得不给出一个很可能出人意料的答案。情况其实恰恰相反，科学反倒在作家所取得的成就面前无法自圆其说了。在妄想的遗传以及先天素质条件与妄想所创造的一切之间，科学允许存在沟壑。这种沟壑似乎是天生的，等待作家去填平。科学至今并不怀疑抑制的重要性，但它也没有意识到要解释心理病理现象，潜意识概念是非用不可的；它没有在心理冲突中寻找妄想的基础，没有把妄想的症候看作妥协的表现。面对统一的科学，我们的作家不是势单力薄吗？不，事实并非如此（如果可以把我的论文算作科学的一部分），因为多年来，我本人——到目前止，我多多少少还是孤军奋战——一直赞成用专业的术语，来表达我从詹森的《格拉迪娃》中提取的全部观点。在论及癔症和强迫症的那些细节内容中，我曾指出，这些心理错乱的个体决定因素是，部分本能生活受到了压制，以及受压制的本能得以表现的意念受到了抑制。之后不久，在谈到某些妄想的形式时，我又重复了相同的观点。这一因果关系涉及的本能到底总是性本能的构成成分呢，还是属于别的什么类别？这个问题在分析《格拉迪娃》这个特例时可以视作一个无关紧要的因素，因为在我们的作者所选择的这一例子中，有争议的问题肯定只会是情色感觉受到了压制的问题。对心理冲突的假设效度和彼此冲突的心理流之间的妥协所形成的症候的效度，我在对患者的实际观察和药物治疗过程中已经予以证实，结果和我在诺伯特·汉诺尔德这一想象的个案中所能做的那一切是一样的。甚至在我之前，伟大的精神病学家沙可的学生皮埃尔·让内（Pierre Janet）和约瑟夫·布洛伊尔（Josef Breuer）还有我本人一起合作，已经探索到神经症类（尤其是癔症类）疾病所带来的后果。

从1893年起，我就毅然决然地对心理失调的起因展开研究。我的确从未想到要在充满想象的作品中来证实我的研究成果。但是，当我发现1903年出版的《格拉迪娃》的作者竟依据我自以为是新近在医疗实践中的研究成果来创作时，真是吃惊不小。作家和医生在认识上竟殊途同归——或者说，至少他让我们觉得他在这方面的知识不亚于我们，这怎么会呢？

我前面说了，诺伯特·汉诺尔德的妄想因一个梦而加重了。此时，他也正好一心想在居住的小城街上找到像格拉迪娃那样的步态。对这个梦的内容做个简述，是很容易的。梦者发现那座倒霉的城市被毁的当日，他正好也在庞贝，亲历了那场恐怖后自己却安然无恙；他突然看见格拉迪娃在那边踱步前行，并且一下就全明白了，好像一切都很自然。她既然是个庞贝人，就是住在家乡，而且"他从未怀疑，他们生活在同一年代"。（12页）因为她的缘故，他惊恐万状并厉声尖叫了起来。听到喊声，她回过头来，望了他片刻。但是她并未在意他，而是继续向前走着，并躺在了阿波罗神庙前的台阶上。她脸颊的红润已经退却，似乎正在变成白色的大理石，最后终于成了一件雕像，被倾城而下的火山灰彻底掩埋。他醒来时，误把传入卧室的都市噪声当作庞贝居民绝望中的求救声和怒海惊涛。醒来后，他还一直觉得梦中所见是他的亲身经历，并相信格拉迪娃曾住在庞贝，并死在那个灾难的日子里。由梦带来的这一信念，成了他妄想的又一新起点。

要说清作者描写此梦的用意，以及到底是什么使得作者将妄想的加重与一个梦联系在一起，还真不容易。诚然，已有热心研究者搜集了大量的例证，来说明心理失调与梦有关并产生于梦。一些杰出人物对重大行动和决定的冲动，似乎也来自梦。但是这些类比对于我们的认识并无多大帮助。因此，还是让我们回到眼前的这一个案中来，回到我们的作者所想象的考古学家诺伯特·汉诺尔德的这一个案中来。如果这个梦并非仅仅是故事的一个可有可无的装饰，那么，我们该从梦的哪一端入手，才能使它与整个故事的语境相符呢？

我完全可以想象，说到这一点时会有读者大嚷："这个梦太容易解释了——这只是一个焦虑梦，由城市噪音引起，并由考古学家误释为庞贝的毁灭，因为他满脑子全是那个庞贝姑娘。"人们往往轻视梦的作用，对梦的解释，无非是要看看有什么外部刺激与梦的内容大致相合。导致做梦的外部刺激，可以是吵醒睡眠者的噪音。如果这样的话，我们对梦的兴趣也所剩无几了。我们要是有理由证明，那天早晨城市噪音比平时大就好了！要是作者告诉我们那天晚上汉诺尔德一反常态，开着窗户睡觉就好了！可遗憾的是，作者没费心思往这上想！要是焦虑梦果真这么简单就好了！然而并不简单。对梦的兴趣不是那么容易就能满足的。

梦的形成与外部感官刺激并无必然联系。睡眠者可以无视这类来自外部世界的刺激。或者说，他可以被吵醒而根本不做梦，或者像这个故事里所发生的一切那样，睡眠者为了某种适宜自己的原因，将这种刺激插入自己的梦中。在大量的梦中，我们无法证明，梦的内容是外部刺激按此方式作用于睡眠者的感官而形成的。绝对证明不了！我们必须另辟蹊径。

我们也许可以在汉诺尔德醒来后,从梦所产生的效果中找到切入点。直到那时,他还抱有一种幻想,认为格拉迪娃就是庞贝人。这一假设现在对他而言,具有确定性。另一确定性也接踵而至。那就是,她与其他人一起在公元79年被掩埋了。随着妄想结构的展开,忧郁之情也无处不在,像是充斥于梦的那种焦虑的回应。对因格拉迪娃而生的这一新痛,我们似乎不能理解。格拉迪娃即使是在公元79年那次灭顶之灾中侥幸活了下来,到现在也已死千百年了。也许,我们不应该以这种方式与诺伯特·汉诺尔德或作者本人争论,可是现在,我们又苦于理解无门。不过,值得一提的是,妄想因梦而加重,同时还伴随着一种痛苦色彩极重的感情。

然而,除此之外,我们还是与先前一样一筹莫展。这个梦不会不解自明,我们只好从《释梦》中借用几条规则,来解释眼前的这个梦。

规则之一是,梦的内容与做梦的前一天所发生的事件之间必然存在着某种联系。我们的作者似乎想表明他遵循了这一规则;因此他把梦与汉诺尔德的"步态研究"联系了起来。现在,这些研究的唯一意义就是他在寻找格拉迪娃,试图认出她那典型的步姿。因此,梦中应该有个迹象,表明他在哪儿能找到格拉迪娃。梦中确实有迹象,梦里她出现在庞贝,但这对我们来说并不新鲜。

另一条规则讲,如果梦者相信梦像(dream-images)真实且经久不衰,以至于自己难以从梦中解脱出来的话,这就不是因梦像的栩栩如生形成的错误判断了,而是由其自身原因产生的一种心理行为:是与梦的内容相关的一种自信,自信现实中有些东西真的跟梦中所见一样,因此相信这种自信是对的。如果我们坚持这两条原则,我们一定会得出这样的结论:梦提供了他要寻找格拉迪娃踪迹的一些情况,而且这些情况与实际情况正好吻合。我们了解了汉诺尔德的梦。那么,把这两条原则代入其中能够得出合情合理的解释吗?

奇怪的是,真的可以。只不过这种意义以某种特殊的方式伪装了起来,不易立刻认出来。汉诺尔德从梦中获悉,他要寻找的姑娘与他生活在同一时代,居于同一城市。这与佐伊·伯特冈的情况吻合,只是梦中的城市不是德国的大学城,而是庞贝城。时间也不是现在,而是公元79年。看得出来,这是由移置（displacement）造成的一种歪曲：我们所看到的不是现在的格拉迪娃，而是移置到过去的梦者。不过基本且崭新的事实也是按此方式提供给我们的：**他要寻找的姑娘与他生活在同一时间和地点**。但是这种在故事的含义和内容上欺骗了我们和梦者的移置和伪装，又是怎么来的呢？对于此，我们早已胸有成竹，保证给出一个令人满意的答案。

让我们来回忆一下作为妄想先兆的各种幻想的起因和本质。它们是受到抑制的记忆的替代物和衍生物。除非受抑制的记忆发生变形，否则会有某种抵制作用不允许它进入意识领域。但是，通过变化和歪曲等方式进行斟酌，它（即受抑制的记忆——译者）可稳获一种可能——对抵制的稽查作用逐渐有所意识。妥协一经建立，记忆便转变为幻想。这很容易被有意识的人格所误解——也就是说，得不到理解就无法纳入主导的心理流。现在，我们可以假设，梦像是人们的生理（而非病理）妄想的产物——是受抑制成分与显势成分间斗争妥协的产物。这种斗争可能每个人（包括那些在大白天看来完全正常的）心灵中都有。于是我们就明白了，一定要将梦像（dream-images）看作某种被扭曲的事物，一定要找出隐藏于其背后**未被歪曲**的（从某种意义上说是令人讨厌的）东西，比如汉诺尔德幻想背后那些受抑制的记忆。我们可以把我们已经认识到的这种内外有别表现出来。办法是把梦者初醒时的记忆，即**显性的梦内容**与为欺骗稽查而进行歪曲前梦的基础，即**隐性的梦思想**区分开来。因此，释梦包括将显性的梦内容解译成隐性的梦思想，解除梦思想为避开抵制的稽查而必须做出的歪曲。如果将这些想法应用于解释目前我们关心的这个梦，我们一定会发现其隐性的梦思想只能是："你要寻找的那位具有优雅步态的姑娘，的确与你同居一城。"但是，如果以这种形式，这一思想是不能成为有意识的。它会遇到阻碍，因为幻想根据此前的妥协已经做了这样的规定，格拉迪娃是庞贝人；所以，如果要确认她和诺伯特于同一时期住在同一地方的事实为真，那就别无选择地只能接受这一歪曲："你与格拉迪娃在同一时期住在庞贝。"这就是显性的梦内容所要达成的意念，并要将其表现为有着实际经历的当下事件。

一个梦一般很少仅表现或者说"上演"一种思想，通常都表现许多思想，一连串的思想。汉诺尔德梦境中的另一构成要素也是可以找出来的，其

新雅典仿公元前4世纪希腊作品样式浅浮雕《体态轻盈的少女格拉迪娃》

俄狄浦斯和斯芬克斯　安格尔　布面油画　189cm×144cm　1808年

俄狄浦斯和斯芬克斯　莫罗　布面油画　206.4cm×104.7cm　1864年

池塘边的奥菲莉亚　沃特豪斯　布面油画　124.5cm×73.5cm　1894年

蓝衣裙的奥菲莉亚　沃特豪斯　布面油画　102cm×61cm　1910年

摩西　米开朗琪罗　大理石　高235cm　1513—1516年

白日梦　但丁·罗塞蒂　布面油画　159cm×93cm　1880年

梦　毕加索　布面油画　130cm×97cm　1932年

梦　马蒂斯　布面油画　81cm×65cm　1940年

梦　卢梭　布面油画　204.5cm×298cm　1910年

酒神狄俄尼索斯凯旋　委拉斯贵支　布面油画　约1628—1629年

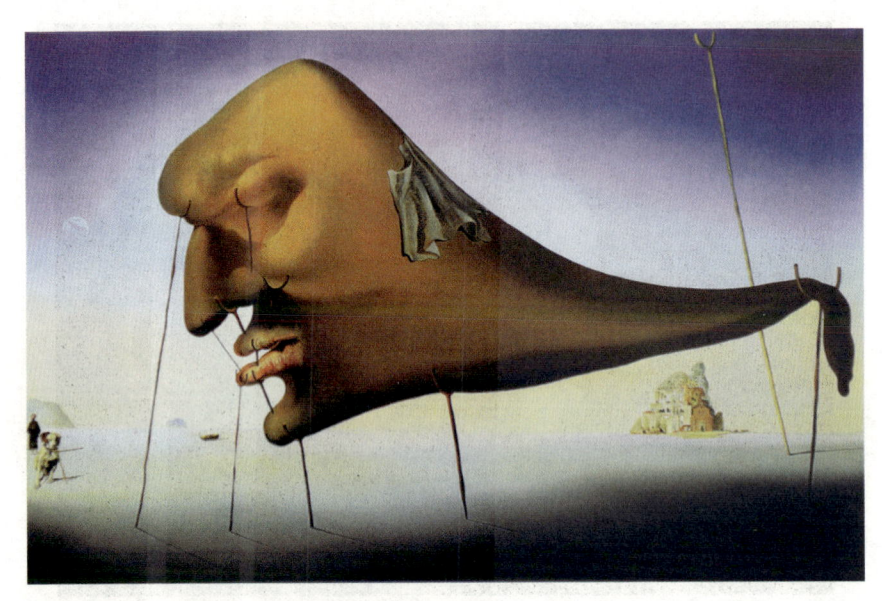

沉睡　达利　布面油画　51cm×78cm　1937年

那喀索斯的变貌　达利　布面油画　51cm×78cm　1937年

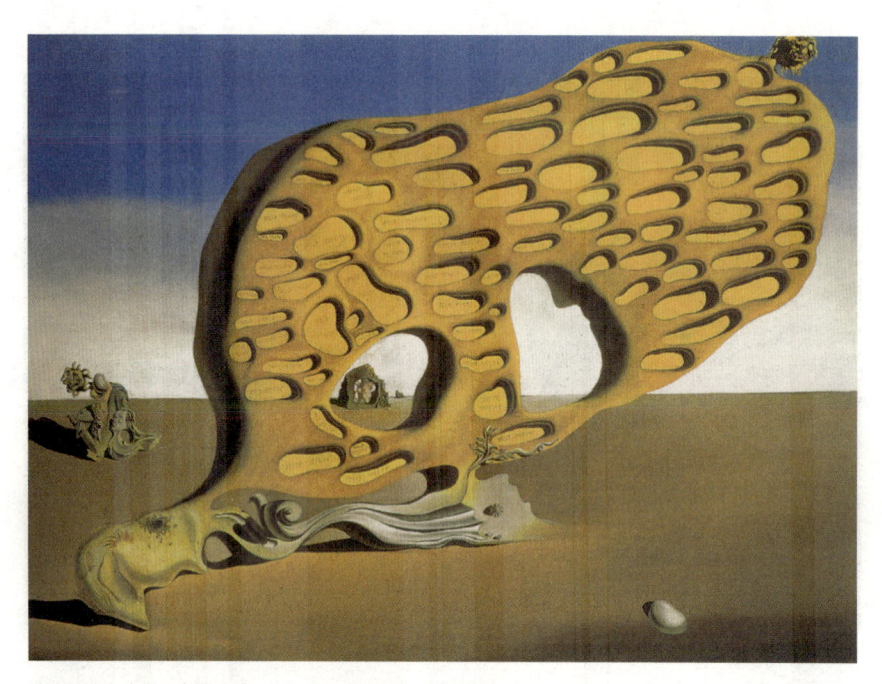

欲望之谜　达利　布面油画　110cm×150.7cm　1929年

永恒的记忆　达利　布面油画　24cm×33cm　1931年

醒前刹那间的梦　达利　布面油画　51cm×41cm　1944年

歪曲很容易被纠正。因此，它所表现的隐性思想也是可以分拆的。梦中的这一部分，使得其对真实性的确信有可能进一步扩大。梦就在这样的可能性中结束了。在梦中，踏步前行的格拉迪娃变形为大理石塑像。这不过是对现实事件具有独创性和富有诗意的表现。其实，汉诺尔德已经把自己对真实姑娘的兴趣转移到了雕像上。因为对他来说，自己热爱的姑娘已变形为大理石浮雕。潜在的梦思想必定是潜意识的，总是企图把雕像变回活生生的姑娘；因此，它们似乎对他说："你毕竟只对格拉迪娃的雕像感兴趣，因为它使你想起了在此时此地还活着的佐伊。"可是，如果这一发现变得有意识，那就意味着妄想的终结。

我们是否一定要按这一方式，用潜意识思想逐一替换梦的显性内容？严格地讲，是的。如果我们在解释一个确实做过的梦，是不能回避这件事的。但是，那样的话，梦者也必须向我们做最详尽的解释。显然根据作者的这一创作，我们无法实现这一要求。然而也不能不注意到，我们还没有对梦的主要内容进行解释或破译分析。

汉诺尔德的梦是个焦虑梦（anxiety-dream），内容恐怖，梦者睡眠时感到了焦虑，醒后有痛苦感，这对我们的释梦多有不便；我们必须再次大力借助释梦理论（theory of dream-interpretation）。该理论告诫我们不要迷入歧途，误把梦中感受到的焦虑归属于梦内容，把梦内容又当作清醒时的意念内容。该理论还指出，人们经常会在没有焦虑感的情况下梦见恐怖狰狞的事情。我们发现，真实情况完全不同，虽然不易猜测，却是可以证实的。像一般的神经质焦虑一样，焦虑梦中的焦虑也是与性情感（sexual affect）即力比多感（libidinal feeling）相呼应的，是通过抑制从力比多（libido）中产生的。[1]因此，我们释梦时必须用性兴奋来取代焦虑。以此方式产生的焦虑——虽非一成不变，却是频繁地——对梦的内容有着某种选择性影响并导入了观念性因素。如果人们从有意识的并且是错误的角度来对待梦时，这些观念性因素似乎与焦虑的情感相适宜。我说过，这并非一成不变，因为许多焦虑梦的内容一点儿也不恐怖，因而也不可能对感受到的焦虑从意识的层次

---

[1] 参见我关于焦虑神经症的第一篇论文（1895b）及《释梦》。

进行解释。

我知道对梦中焦虑的这般解释听起来很怪,也很难令人信服;但我只能劝读者接受它,而且如果诺伯特·汉诺尔德的梦能够与这种有关焦虑的观点吻合,并通过这一方式可以得到解释的话,那将是一件大好事。以此为基础,我们可以说梦者的情色渴望在那天夜里被激发了,而且做了极大努力使他对所爱姑娘的记忆形成意识,以便使他摆脱妄想。可是这些渴望遭到了新的拒绝并变形为焦虑,把学生时代记忆中的一些可怕情景带入了梦中。于是梦中真正潜意识的内容,即他对自己曾认识的佐伊的强烈渴望,都变形为庞贝的毁灭和格拉迪娃的消失这样的显性内容。

我认为,至此一切听起来是很有道理。不过应该坚持一点,如果梦的未受歪曲内容的本质是情色渴望的话,那就应该有可能至少发现这种渴望的某个可辨残片,藏匿在变了形的梦中某处。借助故事后半部分提供的线索,哪怕仅是这一点我们也是可能做到的。汉诺尔德第一次遇见假想中的格拉迪娃时,想起了那个梦,并请鬼灵像他梦中所见那样再躺下来。[1]然而年轻的女士听了这话愤怒起身,离开了这个怪人,因为她已觉察到,他在妄想的支配下所说的话背后,有着不适当的情色渴望。我认为,我们应该接受格拉迪娃的解释,那便是在真实的梦中,我们也不一定总能找到一个有关情色渴望的更为恰当的表达。

应用这几条释梦原则,使我们通过汉诺尔德第一个梦的一些重要特征,通过这个梦与整个故事关系,对梦本身有了一定的认识。如此说来,作者在其创作中肯定也遵循了这些原则?我们还可以再提一个问题:作者为什么要用一个梦来加重他的妄想呢?在我看来,这是一个有创意的构想,而且合乎实际。我们已经听说,真的患病时,妄想的产生常常与梦联系在一起。一旦我们知道了梦的本质,就没有必要再去解答这件事中的另一个新谜。梦与妄想同出一源——受抑制者。正如人们所说,梦是正常人的生理性妄想。在受

---

[1] "不,我听不见你说话。但是,你躺下睡觉时,我曾向你大喊。当时,我就站在你身旁——你的脸庞像大理石一样,安详美丽。求你——像那时一样,在石阶上再次躺下。"(70页)

抑制者强烈到足以冲破阻碍，以妄想的形式进入意识生活前，它很可能已经在睡眠这一更有利的环境下以梦这种具有长期效果的形式，取得了第一个表现机会。因为在睡眠过程中，随着大脑活动能力的降低，主导的心理力用以对付受抑制者的抵制力会有所松缓。正是这种松缓使梦的形成成为可能。这也是为什么梦是我们了解心理潜意识部分的最佳途径——除非随着清醒时精神贯注得到重新确立，梦再次消失，潜意识也再次腾出曾占有的领地。

第三章

随着故事的进一步展开，又出现了一个梦。这个可能比前一个更能吸引我们，让我们跃跃欲试，要将其译释出来，并放入主人公心中那一连串事件中去。可是，如果我们撇开作者的叙述马上转入这第二个梦本身，应该没什么收获，因为人们想要分析他人的梦时，不可避免要将全部注意力放在梦者的全部体验上，无论是内部体验还是外部体验。因此，我们最好还是紧跟故事的线索，一边阅读，一边点评。

格拉迪娃死于公元79年庞贝城的毁灭。这一新妄想的形成，并非第一个梦的唯一结果，对此我们早有分析。妄想一出现，汉诺尔德就决定去意大利旅行。很快，他来到了庞贝。但是在此之前，他遇到了另外一件事。他把身子探出窗外时，觉得看到街上有个人的步态和体形都很像格拉迪娃。他衣冠不整就赶紧追了出去，但没有追上，只好在过往行人的嘲笑声中回到屋内。他回到屋内时，听见从街对面房子的窗口挂着的鸟笼里传出金丝雀的鸣叫声。他心底泛起一丝愁绪，感到自己也像一个渴求自由的囚犯，所以他的春游计划一经决定就实施了。

作者已经把汉诺尔德的这次旅行解释得十分清楚了，并使汉诺尔德对自己的心理活动有所了解。汉诺尔德自然为自己的这次旅行找了一个科学借口（scientific pretext）。但这个借口很快就不成立了。毕竟他明白，"他做这次旅行的冲动源自某种难以名状的感觉"。一种莫名其妙的不安使得他对遇见的一切都不满，并驱使着他从罗马赶到那不勒斯，又从那不勒斯赶到庞贝。但即使在这旅行的最后一站,他的情绪还是焦躁不安。他对蜜月新人的愚蠢行为感到恼火,对庞贝旅店里无礼的苍蝇感到愤怒。可是到了最后,他再也无法欺骗自己了,"他的不快不会仅仅是由周围的事物引起的,他自己也有些不对头"。他觉得自己有点激动过头了,感到"之所以不高兴是因为他缺少了点儿什么,可是他说不清到底缺什么。这种坏情绪始终伴随着他"。在这种精神状态下,他甚至对自己的"爱人"——科学——都怒气冲天。炎热的正午时分,他第一次逛了庞贝城,"他的全部科学不仅抛弃了他,还使他丝毫没了想找到她的欲望。他只觉得她已非常遥远,感到她已成一个干瘪乏味的老大妈,一个世上最没劲、最惹人生厌的生灵"。(55页)

接着,正当他处于这种不愉快和混乱的心理状态时,他第一次看到了走在庞贝城里的格拉迪娃。就在那一刻,旅途中一直困扰着他的一个问题解决了。有种东西"首次出现在了他的意识之中。因为还没有感觉到自己内在的冲动,他便已经来到了意大利,来到了庞贝城。为了追寻她的芳踪。他在罗马和那不勒斯并未停留。这是严格意义上的'踪迹',凭她那独特的步态,一定会在火山灰上留下一个与众不同的脚印"。(58页)

作者既然不惜笔墨来描述这次旅行,那么这次旅行与汉诺尔德妄想的关系以及在一连串事件中的地位也一定值得探讨。这次旅行事出有因,只是旅行者起初没意识到,后来才承认罢了。作者用大量词汇将这些原因说成是"潜意识的",这也肯定源自生活。一个人不必为了表现这样的行为而去吃妄想带来的苦头。相反,对一个人——甚至一个健康的人——而言,隐瞒自己行为的动机,事过之后才有清醒意识是常有的事。条件只有一个,那就是多种情绪间的冲突为这种行为提供了必要条件。因此,汉诺尔德的旅行从一开始就服务于他的妄想,并旨在把他带到庞贝,因为在那里他可以继续寻找格拉迪娃。回忆一下吧,在那场梦前和梦后他满心想的都是找人的事儿,而那场梦本身恰恰就是格拉迪娃在哪里这一问题的答案,尽管答案后来被他的意识湮没了。某种我们尚不能得知的作用力也在抑制他对妄想意图的觉知。结果,他没有足够的借口来一站又一站地旅行。作者让我们进一步伤脑筋的是,先弄出了一个梦,又说在街上发现假想中的格拉迪娃,后来又写主人公由于听到金丝雀鸣叫而决定去旅行。这一系列偶然事件一个接一个发生,彼此却没有任何内在联系。

故事的这一晦涩部分，我们是通过后来佐伊·伯特冈的话才明白的。事实上，格拉迪娃的原型就是佐伊小姐本人，汉诺尔德从窗户看见她在街上走过，（89页）而且几乎追上了她。如果那天他真的追上了她，由梦提供给他的信息——她与他同一时间生活在同一城市——将会由于一次幸运的巧遇得到有力的证实，并使他的内在斗争得以平息。可是，那只以其啁啾声将汉诺尔德送上长途之行的金丝雀，则是佐伊的。它的笼子就挂在街对面与汉诺尔德的屋子斜对面她的窗户上。（135页）根据姑娘的责怪，汉诺尔德天生会有"假错觉"（negative hallucination）的天赋，有着对人视而不见、遇而不识的本领。他肯定从一开始就在潜意识里有着我们后来才有的那些认识。佐伊就在附近的那些迹象（她在街上的露面，以及她家小鸟在距他窗口很近的地方的鸣叫）强化了梦的效应。在这种情况下，他要是对自己的情色感觉加以抵制的话，那真会有灭顶之灾。于是他一溜了之。他之所以要旅行，是因为他梦中的情色欲望有了冲动后，抵制力也在加强；这是一种对自己所爱姑娘真实存在的逃避行为。在实际意义上，这意味着抑制占了上风，而先前他对妇女和姑娘进行"步态研究"，则意味着情色欲望占了上风。但是在这场你来我去的斗争中，到处都留下了结果的妥协特征。比如，前往庞贝的旅行本意是让他远离活着的佐伊，却使他接近了至少是她的替身的格拉迪娃。这次旅行本是对隐性梦思想的无视，但旅行路线却沿着显性梦内容所指示的方向到了庞贝城。因此，在情色欲望与抵制力之间每一次的新冲突中，我们发现总是妄想赢了。

汉诺尔德的旅行是在逃避不断觉醒的、对自己所爱的且如此接近的姑娘的情色欲望。唯有这样理解，才能与他在意大利逗留期间的情绪状态相吻合。对情色欲望这一主导的心理流加以拒绝的表现，是他对度蜜月的新婚夫妇厌恶至极。他在罗马旅店里做了一个短梦，梦中邂逅了一对德国情侣"埃德温和安吉莉娜"。他们在那天晚上的谈话，被他透过薄薄的隔墙无意中听到。这就对他在第一个大梦中的情色欲望，产生了反省作用。在新梦中，他又一次来到庞贝，维苏威火山再次喷发，这便与其早先的那个效果一直延续到旅行期间的梦联系了起来。然而这一次，遭遇危险的人们不像前一次只有他本人和格拉迪娃，还有阿波罗·贝尔维迪（Appollo Belredere）和卡庇托林山的维纳斯（the Capitoline Venus）。这无疑加强了对隔壁房间情侣形象的嘲讽。阿波罗托起维纳斯，并把她抱出庞贝城，将她放在黑暗中的某个物体上（好像是马车上，因为它发出了"嘎吱嘎吱的响声"）。除此之外，对这个梦的解释无须特殊说明。（31页）

我们早已看出，作者从不将一个无关紧要的特征随意介绍进故事中来。现在，他又向我们提供了支配着整个旅行中的汉诺尔德的无性流（asexual current）的证据。他在庞贝城内长达数小时的闲逛时间里，"奇怪的是，竟然再也想不起来不久前自己曾梦见公元79年火山爆发、庞贝城毁灭他曾在场"。（47页）只有看到格拉迪娃时，他才突然回忆起那个梦，并同时意识到他的这次谜一般旅行的妄想性原因。除非我们假设旅行并非梦的直接灵感产物，而是对梦的抵制，是一股拒绝认识梦的神秘意义的心理力（mental power）的释放，否则还能有什么办法来解释这种对梦的遗忘，解释这个把梦与主人公在旅行中的心理状态分隔开来的抑制呢？

可是另一方面汉诺尔德并未从战胜情色欲望的成功中得到喜悦。受压制的心理冲动仍然拥有巨大的能量，足以用不满和抵制对压制者进行报复。他的渴望转变为不安和失望，使他的旅行变得毫无意义。旅行的原因完全受着妄想的制约。他对此的认识受到了限制，而且他与科学的关系，本应在这里激发起他浓厚的兴趣，却受到了干扰。因此，作者向我们展示的是主人公在逃避爱情后遭遇到的危机、心理的混乱和烦躁，以及我们通常病重时会遇到的那种七上八下的感觉。每逢这时，两股冲突的势力，谁也不能绝对压倒对方，不能在中间地带建立起一个活跃的精神王国。但是在这时，作者及时雨般地介入进来。他让格拉迪娃在这一关键时刻出现，承担起治愈妄想的任务，以此缓解矛盾。作者借助着自己拥有的对所塑造人物的控制权，使之走向幸福的归途。尽管他也让人物遵循一切必然规律，但他还是巧妙安排，使汉诺尔德为逃避那个姑娘来到庞贝，而姑娘也恰好到了那个地方。就这样，他纠正了那个年轻人在妄想引导下做出的愚蠢行为——将他钟爱的活生生的姑娘的家与想象中的这一姑娘的葬身之地，做了对调。

随着佐伊·伯特冈以格拉迪娃的面目出现，故事的紧张气氛也达到了高潮，我们的兴趣也很快随之转向新目标。至此，我们一直慢慢得到一个妄想的发展，现在我们要看到它的治愈。或许我们要问，作者向我们提供的这一治愈过程是一种纯粹想象的叙述吗？他是依据现实的可能性创作了这个故事的吗？佐伊在与她的新婚朋友谈话时所说的那些话，使我们相信她有治愈汉诺尔德妄想症的意图。（124页）但是，她是如何开始的呢？汉诺尔德想让她像"那天"一样躺下睡觉，惹得她十分恼怒。待怒气消散后，她于第二天中午的同一时间，又来到同一地点，开始诱使他说出所有隐情。正是由于她不了解那些隐情，所以在前一天才对他的行为不理解。她知道了他的梦、格拉迪娃的雕像，以及她本人也能表演的那种步态。她接受了短暂复活的鬼灵（ghost）的角色，因为她感到这一角色是他在妄想中为她设计的。她接受了他无意中带来的死者之花，并对他没有送玫瑰花表示遗憾。她用委婉的语言向他含蓄地表示他有可能进入一个新的角色。（90页）

这个聪明非凡的姑娘在得知那年轻人对她的爱情是他妄想背后的动力时，便下定决心将自己的这位童年伙伴拉到身边作丈夫。然而我们对她行为的兴趣，这时或许要让位于我们对幻想本身的惊讶。妄想的最后一幕是，葬身于公元79年的格拉迪娃，现在却能以正午鬼灵的角色与他进行长达一小时的交谈。谈完后，她必须再次返回地下或寻找墓穴。这一心理蛛网（mental cobweb）却没有被他的一些发现掸去。这些发现包括，鬼灵穿着现代的鞋子，不会古希腊文，却精通在公元79年尚未问世的德文。如此说来，作者把自己的故事称为"庞贝幻想"（Pompeian phantasy）是有道理的，但同时似乎也排除了用临床实在标准进行分析的可能。

然而对汉诺尔德的妄想所做的进一步考察，使我丧失了它的大部分不可能性。确实，作者杜撰了一部分妄想，因为他的故事基础是奠基在这样的情节安排上的：佐伊在每一处细节上都要与浮雕一致。因此，我们一定要避免把这一情节安排的不可能性转嫁到它的结果——汉诺尔德错将那姑娘当成格拉迪娃再生——之上。作者未给我们提供任何理性解释，可见他更重视的是妄想解释。另外，作者还借助了一系列具有促进或缓和意义的条件来表现主人公的过分行为，如乡间烈日的照射和用维苏威火山坡上酿出的葡萄美酒的醉人魅力。可是在所有解释性和开脱性因素中，最主要的还是安逸；我们的理智正是凭借着它，才时刻准备着接受荒唐之物（只要能满足强烈的情感冲动）。在这样的心理状态下，即使最具理智的人也常常很容易表现得智障（feeble-minded）。这是一个令人震惊，同时又常常受到忽视的事实。任何只要不过分自以为是的人都可以发现，这种情况经常在自己身上发生。如果某种心理过程与潜意识的或受抑制的动机相联系，这种情况就更是比比皆是。说到这儿，我很乐意引用一位哲人写给我的几句话："我一直在记录自己曾有过的一些严重错误和有欠思考的行为。这一切的动机（会以极不合理的方式）在事后才得到发现。这一切让人发现自己做了很多蠢事，尽管吃惊不小，但它们又很典型。"一定要记住，神灵（spirits）、鬼魂和死者复生等信念，在我们信仰的各种宗教中都是天经地义的（至少我们小时候是这样的）。这种信念在受过教育的人们中也远未消失，而且还有许多在其他方面很有理智的人，也相信完全有可能将唯灵论（spiritualism）与理性结合起来。一个日益理性、学会怀疑的人，也可能惭愧地发现自己在强烈情感和窘态百出的冲击下，会有那么一刻非常容易地退缩到对神灵的信仰上去。我认识一位医生，有一次他失去了一位患有格雷夫斯病（Graves disease）[1]的女患者。他怀疑可能是自己某次配方不慎，才导致这位患者的不幸后果。几年后的一天，一位姑娘走进他的诊室。他尽管努力克制着自己，但还是忍不住把她认作已经死去的那个人。他的想法只有一个："死者能够复生，怎么说这都是事实。"他一直感到恐怖而非羞愧，直到姑娘说自己是那个死于该病的人的妹妹。她和姐姐一样也患了这种疾病。据观察，格雷夫斯病的患者面部特征十分相像。而在这一个案中，由于是一家人，这种典型的相似性更是得到了加强。而遇到这一情况的那个医生不是别人，恰恰就是我本人。因此，对于诺伯特·汉诺尔德认为格拉迪娃复生的短暂妄想在临床上的可能性，我个人认为那是毋庸置疑的。最后，每一位精神病医生都知道，在严重的慢性妄想（偏执狂）的病例中，最极端的情况是出现了编制精巧、证据充分的荒谬情节。

诺伯特·汉诺尔德在与格拉迪娃第一次见面后，先后在他知道的两家庞

---

[1] 即"突眼性甲状腺肿"（Exophthalmic goitre）。

贝的旅馆中喝了酒,而其他游客都在忙着吃主食。"当然他本人从未意识到自己竟有此怪念头",这么做是为了弄清格拉迪娃在哪家旅馆住宿用餐。但是,要说他的行为还有别的什么动机,也很难说清。他们在墨勒阿革洛斯宫第二次见面后的那一天,他经历了各种奇特的、貌似无关联的事件。他在门廊的墙上发现了一条窄缝,格拉迪娃就是从那里消失的;他遇到了一个呆头呆脑的捕蜥蜴者,那人把他当熟人来招呼;他在一个偏僻的地方发现了第三家旅馆"太阳旅馆"。旅馆的主人卖给他一个上面生满绿锈的金属胸针,说是从一个庞贝姑娘的遗骸旁发现的;后来,在他住的旅馆里他注意到一对刚住进来的青年男女。他以为是兄妹俩,对他们产生了好感。所有这些印象都融入了他后来的"毫无意义"的梦中,情节如下:

"格拉迪娃坐在太阳下的某个地方,用草编制的圈套捉住了一只蜥蜴,她说:'别吱声。我们的女同事是对的,这个方法的确不错,她用这个方法效果很好。'"

他摆脱了梦境,但还是呼呼睡着。他在寻思,这简直是疯了。这时,一只看不见的鸟发出了一声短促的欢快鸣叫,用喙叼住那只蜥蜴,飞走了。这才帮他从睡梦中彻底摆脱出来。

接下来,我们还要不要把这个梦也解释一番?也就是说,要不要用必定导致其歪曲的那个隐性思想来替代梦本身?这样做就同仅指望梦本身一样,毫无意义;梦的这种荒诞性构成了一个观点的支点。这一观点否认了梦是完全合理的心理行为,坚持梦来源于心智要素的无目的兴奋。

我们能够将被认为是释梦的常规程序的技术应用于对该梦的解释。这项技术对显性梦中的显性联系不予注意,而是其对每一部分内容分别给予重视,从梦者的印象、记忆,以及自由联想中寻根溯源。可是既然不可能去询问汉诺尔德本人,我们也就只好满足于对其印象的考察,并尝试性地站在他的立场上来发挥我们自己的联想:"格拉迪娃坐在太阳下的某个地方,边捉蜥蜴,边说话。"与这一段梦境相呼应的前一天的印象,是什么呢?毫无疑问,肯定就是汉诺尔德与在梦中被格拉迪娃置换了的那位上了年纪的先生——蜥蜴捕捉者——相遇了。他坐或躺在"洒满阳光的山坡上",并跟汉诺尔德讲了话。而且梦中格拉迪娃的话就是这位老先生讲话的翻版。"我们的同事艾默设计的方法的确不错，我使用过很多少次，效果很好。别吱声……"（23页）格拉迪娃在梦中使用的词汇大体与之相同，只是"我们的同事艾默"被无名的"女同事"置换；另外，动物学家话中的"多少次"在梦中被漏掉，句子的顺序也有些变化。因此，前一天的经历经少许变化和歪曲后进入了梦中。为何进入梦中的是这一特殊经历呢？这些变化——老先生被格拉迪娃置换和谜一般的"女同事"的介入——意味着什么呢？

释梦有一条原则："梦中听到的话，肯定是梦者在清醒时听到或说过的。"这条原则似乎在此得到了遵循：格拉迪娃的话是对汉诺尔德前一天听到的老动物学家的话的篡改。释梦的另一条规则告诉我们，当一个人被另一个人置换时，或当两个人合而为一时（例如，在某一情境中出现其中的一个人，却表现出了另一个人的特征），这表明两个人是对等的，他们之间有相似性。如果将这一原则也运用于我们正在讨论的这个梦，就会得到如下诠释："格拉迪娃像那位老人一样捕捉蜥蜴，她捕捉蜥蜴的技术像他一样熟练。"很难马上断定这个结果有说服力，可是我们还有另外一个谜要解开。在梦中置换那著名的动物学家艾默的"女同事"，我们该将她与前一天的什么印象联系起来呢？幸运的是，我们并没有多少选择余地。一个"女同事"只能指另外一个姑娘——汉诺尔德误认为是陪她哥哥一道旅行的那位令人颇有好感的姑娘。"她在裙子上别了一朵索兰托玫瑰花，这使他想起了在餐厅里他从自己所在的那个角落看见的一样东西，但又想不起来到底是什么。"作者的这一段话，让我们有理由把她当作梦中的"女同事"。汉诺尔德回忆不起来的内容，肯定就是被他当成格拉迪娃的姑娘所说的话。她在向他要死者的白花时曾对他说，在春季里人们给幸福的姑娘送玫瑰花。可是在这些话的背后隐藏着求爱的信息。那么，这位幸福的"女同事"在成功进行着一种什么样的蜥蜴捕捉活动呢？

第二天，汉诺尔德遇到了想象中的兄妹在热烈拥抱，于是修正了原先的误会。他们事实上是一对恋人，而且正在度蜜月。像我们后来看到的那样，他们的意外出现打断了汉诺尔德与佐伊的第三次谈话。如果我们现在愿意做个假设的话，那就是，尽管汉诺尔德在意识中将他们当成兄妹，但潜意识中很快就识别出他们的真正关系（第二天就明确更正了）。梦中格拉迪娃所说的话，意义也就不言自明。红色玫瑰花变成了爱情关系的象征。汉诺尔德知道，那一对儿成了他与格拉迪娃的这一对儿了。捕捉蜥蜴意味着捕捉男人。格拉迪娃说的话大意是说："甭管我，我和其他姑娘一样，懂得如何赢得男人。"

但是佐伊的这一深层次意图在梦中为何一定要以老动物学家的话的形式出现呢？为什么佐伊获取男人的技巧要以老先生捕捉蜥蜴的技术来表示呢？这个问题不难回答。我们已经猜到，蜥蜴捕捉者不是别人，正是伯特冈——佐伊的父亲，那个动物学教授。他也一定认识汉诺尔德，这才可以解释他为何把他当作熟人来招呼。让我们再来分析，汉诺尔德在潜意识中一下就认出了教授。"他有个模糊的印象，他好像在两家旅馆的哪一家曾见过这位蜥蜴捕捉者的脸。"这就可以解释佐伊的深层动机赖以表现的奇怪假象："她是蜥蜴捕捉者的女儿，手艺是从他那儿学来的。"

在梦的内容中，格拉迪娃置换了蜥蜴捕捉者，这相应代表了汉诺尔德潜意识中熟悉的两个人物的关系；"女同事"置换了"我们的同事艾默"，使梦表达了汉诺尔德希望她在追求男人的愿望。这样看来，该梦将前一天的两种经历联结（即我们所说的"凝练"）成一个情境，使得两个难以进入意识的发现得以表现（当然是以一种十分晦涩的方式）。然而我们还可以把分析推进一步，可以进一步削减此梦的奇特性，可以揭示主人公前一天的其他经历对他的显性梦内容的影响。

可以说，我们对作家迄今为止所做的解释并不满意，为什么偏偏是捕蜥蜴那一幕成了梦的核心？我们有理由怀疑，梦思想的其他成分也在发挥着作用，就像是显性梦中的"蜥蜴"那样。说实在的，我们本可轻易做到这一点。我们还记得，汉诺尔德曾在墙上格拉迪娃消失的地方发现了一条裂缝——一条"窄窄的但瘦人足以钻过去"的缝。这一发现，使他在大白天就开始修改自己的妄想——修改后的妄想是这样的：格拉迪娃从他的视野中消失时，并不是钻入地下，而是将缝隙作为逃往墓穴的通道。在他的潜意识意念中，他也许告诉了自己他已经找到了关于那姑娘奇怪消失的自然解释。可是通过窄缝钻入其中的想法难道不会让人想起蜥蜴的行为吗？格拉迪娃本人的行为不正像一尾灵活的小蜥蜴吗？我们认为，在墙上发现一条缝隙，决定了为什么会在显性梦内容中出现一尾蜥蜴。梦中关于蜥蜴的情景反映了梦者前一天看见蜥蜴的印象,以及与佐伊的父亲——那个动物学家相遇的印象。

如果现在再大胆一点又会怎么样呢?我们试试看,在梦的内容中找一下至今还未加利用的前一天经历的表现——发现第三家旅馆"太阳旅馆"。作者以大量的笔墨描写这一片段,把许多事情都与它联系在了一起。如果我们发现它与梦的形成没有关系,定然会吃惊不小。汉诺尔德走向这家旅店,由于它地处偏僻又距火车站较远,所以他对其并不熟悉。他买了一瓶苏打水来冷却自己沸腾的热血。房东不失时机地向他展示自己的古玩。他拿出了一枚胸针,谎称是在广场边的一个庞贝姑娘身边发现的。当时,那姑娘仍被自己的恋人紧紧地抱着。汉诺尔德从来就不相信这类老掉牙的传说,现在却在一种无名力量的驱使下相信这一感人故事的真实性和这件小物品出土的可靠性。他买下了这枚胸针,带着它离开了旅店。正在向外走时,他看到在一扇大敞的窗户里的一杯水中,插着一枝开满白花的常春花在那里摇曳点头。这一情景使他确认,刚刚买的东西是真的。他现在开始确信,那只长满绿锈的胸针是属于格拉迪娃的,而且她就是那个躺在自己恋人的怀中死去的姑娘。他竟有了一丝妒意,但很快又把它压下去了。他决定第二天把胸针给格拉迪娃本人看一下以验证他的猜测。无可否认,这是一段新奇的妄想,我们能相信在那天晚上他的梦中没留下一丝踪影吗?

对妄想中的这一新插曲的根源进行解释并寻找被这部分内容置换的新的潜意识发现,肯定是值得的。这一妄想是在"太阳旅馆"房东的影响下出现的。汉诺尔德对他太轻信了,好像受到了他的催眠暗示(hypnotic suggestion)一样。房东给他看了一枚别在衣服上的金属胸针,说它是真品,属于那个在恋人怀中死去的姑娘。汉诺尔德完全有能力怀疑故事的可信性和胸针的真实性,但却立刻被说服并买下了这件很值得怀疑的古文物。他的这种行为令人费解,也没有迹象表明房东的人格能够向我们提供答案。另外,关于这件事还有一个谜,而这两个谜又可以相互解答。他离开旅店之际,看见一扇窗户里的一杯水中插着一枝常春花,便把它看作对金属胸针真实性的确认。这是怎么回事呢?幸运的是,这最后一点很容易解释。无疑,白色的花是他中午送给格拉迪娃的,他显然是透过旅店的窗户看到白花便证实了某件事。这被证实的事情不是金属胸针,而是别的什么事情。这件事在他发现太阳旅馆后已经不言自明。早在前一天他就到处走动,好像是在两家庞贝的旅馆中寻找那个被他当成格拉迪娃的人。现在,既然他无意中遇见了第三家旅馆,他一定在潜意识中对自己说:"这一定就是她住的地方了!"并且,边往外走边说:"是的,没错!那就是我送给她的常春花!那一定是她的窗户了!"这便是被新妄想替代的新发现,它不能变成有意识,因为它的潜在情节安排——格拉迪娃是他曾经熟悉的现在仍活着的人——不能变成有意识。

可是,新妄想对新发现的置换是如何发生的呢?我认为是这样的,与此种发现相随的信任感是能够持续并得到保持的。而发现本身却不允许进入意识,因而被通过联想与之相联的另外一种意念内容置换。这样,信任感便与事实上与它无关的内容相联系了,并以妄想的形式赢得了并不适合于它的认可。汉诺尔德确信格拉迪娃就住在这所房子里,并将这种坚定不移的信念转移到他在这所房子所获得的其他印象上去。这导致他轻信了旅馆房东的话,轻信金属胸针的可靠来源,轻信一对情侣相拥至死的故事的真实性——仅仅是通过他把在旅馆里听到的一切与格拉迪娃联系起来而已。早已潜伏在他心里的嫉妒被这一材料牵动了,结果产生了那个妄想:格拉迪娃就是那个死在情侣怀中的姑娘,他买的那枚胸针属于她(虽然这与他的第一个梦相矛盾)。

我们会看到,他与格拉迪娃的谈话以及格拉迪娃向他求爱的暗示(她用花进行表达),已经在汉诺尔德身上引起了重要的变化。男性欲望的特征——力比多的构成要素——在他身上被唤醒了,虽然它们还并没有脱去有意识借口之伪装。可是,格拉迪娃"身体本质"的问题,整整纠缠了他一天。这不能不说是年轻男人对女人身体充满情色好奇,尽管它被有关格拉迪娃是生是死的科学问题伪装起来。汉诺尔德的嫉妒更是他不断强化的爱的迹象。第二天他们之间的谈话一开始,他便显露了这种嫉妒,进而借助某种新的借口,触摸了姑娘的身体,就像很久以前揉她一下那样。

可是,现在该是我们问问自己的时候了。像作家那样构造妄想的方法,能否从其他渠道获得呢?或者确切地说,这种方法行得通吗?根据我们的医

03 詹森《格拉迪娃》中的幻觉与梦　069

学知识，我们只能说这的确是正确的方法，而且可能是唯一的方法。借助这种方法，妄想会得到一个毫不动摇的信念，而这确是它的临床表现之一。如果患者对自己的妄想坚信不疑，这并不是因为他丧失了判断力，也不是由妄想中的假象所致。相反，在每一个妄想中都有着一点真实性，有着某些值得相信的东西。这正是患者偏执于某种信念的真正根源。由此可见，至少在这一程度上，患者的坚定信念还是有道理的。然而这一真实的因素长期以来一直受到抑制。如果最后它能够突破并进入意识的话，它也已遭歪曲，与之伴随的信任感也被过分强化，好像是为了补偿一样。这时，它依附的是受抑制的真相（repressed truth）被歪曲后的替代物，让人难以对它再做任何批判。坚定的信念也从潜意识的真相被移置到了意识失误上，作为移置的结果固着在了那里。汉诺尔德因第一个梦而形成的妄想，正是这类移置的相似例子（尽管不尽相同）。的确，我们在此所说的妄想案例中固执信念的形成方法，与正常案例（即抑制并未形成）下坚定信念的形成方法，并无根本区别。我们都是让信念基于真相与谬误混杂的思想内容，并任其从前者延伸至后者。结果，它从真相蔓延到谬误，并保护后者免受应得的批判，虽然不像在妄想案例中那样不可逆转。在正常心理中，联系牢固——也可以说是"具有影响"——也能替代真正的价值。

现在，我将回到这个梦上来，并指出其中一个小的但并非毫无意义的特征。它在两个诱因间建立了一种联系。格拉迪娃曾经在白色常春花和红色玫瑰花之间进行了一番比较。在太阳旅馆的窗户里又一次看见常春花，成了支持汉诺尔德潜意识发现的一条重要证据，并在新妄想中表现了出来。与此相关的一个事实是，那位令人颇有好感的姑娘衣服上的红玫瑰帮助汉诺尔德在潜意识中形成了对她与她伙伴关系的一个正确认识。因此，他能够让她作为"女同事"出现在梦中。

可是，人们会问，在显性梦内容中，我们能否找到什么来表明并替代这一新发现？我们已经知道，汉诺尔德的新妄想替代了这一新发现，即格拉迪娃与她父亲一起住在庞贝城中较隐蔽的第三家旅馆——太阳旅馆。然而这一切都在梦里，并没有遭到太多歪曲。我迟迟不愿意指出这一点，是因为我知道连那些耐着性子随我分析到此的人，也会开始强烈反对我试图做什么解释。我再重复一遍,汉诺尔德的发现在梦中已全部说出来了,然而它却是以非常聪明的方式隐匿着,肯定会遭到忽略。它被隐藏在模棱两可的文字游戏后面。"格拉迪娃坐在太阳下的某个地方。"我们已经准确地将这一地点与汉诺尔德遇到她父亲——那个动物学家——的地方联系了起来。可是,它难道不也是可能指在"太阳"里——格拉迪娃所住的太阳旅馆里吗?"某个地方"——这虽然与跟她父亲相遇并无关系,但听起来似乎闪烁其词——难道不正是它提供了有关格拉迪娃所在地点的准确信息吗?依我自己在别处做梦的真实体验来看,我完全可以肯定应该这样理解这模棱两可的文字。可是,如果不是作者在此为我提供了强有力的支持的话,我是不敢真的把这一解释性文字呈现在我的读者面前的。第二天,当那姑娘看见金属胸针时,作者让她嘴里说出了同样的文字:"你是在太阳里发现它的?也许那儿专门做这类玩意儿。"由于汉诺尔德没有理解她所说的话,她便解释说她指的是太阳旅馆(他们管它叫"Sole"),在那里她已经见过这件假古董。

现在,让我们大胆地用汉诺尔德梦背后"极无意义"并且与梦截然相反的潜意识思想,来置换这个梦。这些思想大概是这样的:"她和父亲一起住在'太阳'里。她为什么要与我玩这种把戏?想要取笑我吗?或者,爱上我了,想让我做她的丈夫?"无疑,他睡梦未醒时,脑海里已经出现了一个答案,把这最后一种可能性贬斥为"纯属疯话"。这一否定显然与显性梦相左。

挑剔的读者现在有权问,在这里插入格拉迪娃嘲笑汉诺尔德这一情节,到底有着什么目的?(至此,我还没有给出任何理由。)这一问题的答案在《释梦》中已经给出了。它解释说,如果梦思想中出现了嘲笑、讥讽或恶魔的顶撞,它是由已被赋予无意义形式的显性梦,由梦的荒谬性来表达的。因此,这种荒谬性并非意指心理活动的瘫痪,因为它是梦的运作所运用的一种方法。正如以往多次遇到困难时那样,作者又一次向我们伸出援助之手。这个无意义的梦有一个简短的尾声:一只鸟发出了一声笑语般的鸣叫,用喙叼住那只蜥蜴,飞走了。可是,汉诺尔德在格拉迪娃消失之后也听到过一声类似笑声的喊叫。实际上,它来自佐伊。她要用这笑声来震落自己鬼灵角色的令人郁闷的一本正经。格拉迪娃的确曾对他笑过。但是叼走蜥蜴的梦可能是早期的梦的重现。在那个梦中，阿波罗·贝尔维迪抱走了卡庇托林山的维纳斯。

或许，仍有一些读者会认为，用求爱（wooing）的观点来解释捕捉蜥蜴的情景，理由不够充分。佐伊在与她的新婚朋友的谈话中，为这种解释提供了进一步的证据。她承认汉诺尔德对她的怀疑，并对她的朋友说自己在庞贝一定会"挖掘"出一些有趣的东西。这里，她进入了考古学领域，正像他用捕捉蜥蜴的比喻进入动物学领域一样。他们好像彼此都在努力接近对方，每一方都试着表现对方的特征。

这样，我们似乎也就完成了对第二个梦的解释。这两次解释都依赖于如下这个情节安排：梦者在潜意识思想中知道自己在意识中遗忘的内容。在潜意识中他判断正确，而在妄想状态下，却理解错误。在论证的过程中，我们无疑不得不给出几句断言。读者由于对它们不熟悉，也许会感到有些不解。或许我们经常会引起读者的疑虑，怀疑我们佯称是作者的意见，事实上却是我们自己的意见。我很想尽我所能消除这一疑虑。为了这个缘故，我很愿意更详细地深入到一个最棘手的问题里——我指的是模棱两可的措辞的使用，诸如"格拉迪娃坐在太阳里的某个地方"。

读《格拉迪娃》的人都会注意到，作者多次让两个主人公说出一些模棱两可的话来。在汉诺尔德的个案中，说话人本身并不想含糊其词，只是女主人公格拉迪娃对它们的第二个含义心领神会。例如，在回答她的第一个问题时，他却大声说："我本来就知道你说话的声音是这样的！"佐伊还是不解，只好再问是怎么回事，因为此前他并未听她开口说过话。在第二次谈话时，当他说自己一眼就认出她时，她马上就怀疑他有妄想症。她只好把这些话理解为他们的相识始于童年（就汉诺尔德的潜意识而言是正确的）。然而他对自己的这句话的弦外之音却全然不知，只是根据他的妄想来加以解释。另一方面，与汉诺尔德的妄想相比，姑娘所说的话表现出她的大脑十分清醒，她说的话表明她是**故意**模棱两可。其中的一个含义与汉诺尔德的妄想一致，所以能够进入他的意识领域。但是其他的含义都超出了妄想的范围，通常只让我们得到代表妄想的潜意识真实。这是机智精巧之笔，能用相同的词汇同时表达着妄想和真实。

佐伊在向她的朋友解释情况并成功摆脱对方打扰时，所说的那句话就充满了这类模棱两可的词语。实际上，这番话是作者一手编出来的，更多的是针对读者而不是佐伊的新婚"同事"。在与汉诺尔德的谈话中，佐伊通常使用我们在汉诺尔德的第一个梦中看到的象征手法——抑制等同埋葬，庞贝等同童年——来达到模棱两可的效果。因此，一方面她能够在谈话中保持汉诺尔德在妄想中强加给她的角色；另一方面她还能够与现实环境接触，并在汉诺尔德的潜意识中唤醒他对事情真相的理解。

"长期以来我已经习惯于死掉了"（90页），"对我这样一个人来说，你应该送遗忘之花才对呀"（90页）。话语中已隐隐约约流露出一丝责备，直到最后她教训他时爆发出来。在教训他时，她把他比作始祖鸟。"有人为了再生而不得不去死。毫无疑问，考古学家一定是这样的。"她最后这一番话是在他的妄想被澄清之后说出的，仿佛要对她的模棱两可的话做个解释。可是，在下面这个问题中，她又用了一次象征手法："我觉得我们以前好像一起吃过这样一顿饭，是在两千年前吧，你想不起来了？"（118页）佐伊在此用历史的过去替代童年以唤醒汉诺尔德的记忆，这种用意表现得明白无误。

可是，《格拉迪娃》一书中为何如此偏爱模棱两可的言语？我们觉得这绝非偶然，而是该故事情节安排的必然结果。它与妄想的双重制约性（twofold determination）异曲同工，言语本身也成了症状，因为这样的言语正是意识与潜意识妥协的产物。显然，这种双重原因在言语上要比在行为上更容易发现。由于言语材料具有柔韧的特点，当言语包含的两种意图都可以用同样的词汇表达出来时，我们面前便出现了所谓的"模棱两可"（ambiguity）。

在对妄想症或类似的精神错乱进行心理治疗的过程中，常常可以看到这种模棱两可的言语出自患者之口。医生把它视为持续时间最短的新症候。有时医生发现自己也在使用这样的言语。这样一来，本想传递给患者的意识去理解的含义，却往往被他们混淆成潜意识理解的含义。根据经验我知道，这种模棱两可的作用很容易引起反应迟钝的人的强烈反感，并造成严重的误解。可是，我们这位作者在创作中用一定的篇幅对以梦和妄想的形式发生的事物的典型特征进行描述，无论如何都是很有道理的。

第四章

我已经提到，佐伊以医生的姿态出现，引起了我们新的兴趣。我们很想知道，她在汉诺尔德身上实施的那种治疗方法是否可以想象甚至可能，以及作者对妄想消失的条件和他对妄想产生的条件是否有着同样正确的观点。

在这一点上，我们无疑会遇到一种意见。这种意见否认作者所提供的个案会让如此多的人感兴趣，并对需要解决的问题是否存在提出质疑。人们一定会说，当汉诺尔德妄想中的主体对象——想象的格拉迪娃——向他表明他的所有假设都是不对的之后，当她对困扰他的所有事情——如她是如何知道他的名字——做了最自然的解释后，汉诺尔德别无选择，只得放弃了自己的妄想。这可以是故事合乎逻辑的结果；但是姑娘既然顺便向他表露了爱意，为满足女性读者的愿望，作者无疑要让一个并非不引人入胜的故事以美满婚姻告终。然而相反的意见可能继续说，与故事主题更贴近也更有可能的结局应该是，这位年轻的科学家在自己的错误被指出以后，礼貌地道了一声谢，然后离开了那位小姐。他应该说明自己拒绝她的爱情的理由在于这样一个事实：他感兴趣的是用青铜或大理石制成的古董女人，如果可以摸的话，那最好是真品。可是，面对一个有血有肉的现实中的姑娘，他却不知如何是好。简言之，作者相当随意地把一个爱情故事贴到了自己的考古幻想上。

在否定这一观点的可能性的同时，我们首先注意到汉诺尔德身上变化的开端，并非仅仅表现在他丢弃妄想上。与此同时，或者就在他的妄想被澄清之前，他体内那股对爱的明确渴望已得到唤醒。结果自然是，他向那位解救他于妄幻的姑娘求爱。我们已经强调，他那受到抑制的情色欲望导致他做了第一个梦之后，他曾用了一系列的借口和伪装在妄想中去了解她的"身体本质"，对她与情人的拥抱产生嫉妒，同时还表现出一种男性的原始控制本能。我们可以回忆一下，作为对于这一点的进一步证明，在他与格拉迪娃第二次会面后的那天晚上，一个活生生的女人第一次让他颇有好感，虽然他对先前那些新婚的蜜月情侣仍犯怵，不愿承认该女子是位新娘。然而第二天早晨，他偶然目睹那姑娘与被他当成是她哥哥的人之间的亲密行为时，吓得赶紧退了回来，仿佛打扰了某种神圣的行为。他对"埃德温与安吉莉娜"的嘲笑已消失得无影无踪，他对生活的情色一面有了一种崇敬感。

因此，作者将妄想的消除与对爱情的渴望紧密地联系在了一起，并为求爱这一必然结果做了铺垫。他比批评家们更了解妄想的本质。因为他知道，爱欲的成分与抵制爱欲的成分结合之后就形成了妄想。他塑造了那位姑娘，让她在医治汉诺尔德的那个对她很有好感的妄想时，能充分注意到这一成分。正是这一认识才使得她决定致力于对他的治疗；只因她确定了自己被他所爱，她才肯承认对他的爱。她的治疗措施包括，从外部还给他从内部无法实现的受到抑制的记忆。但是如果在治疗过程中，治疗者没有考虑患者的感情，如果她对他的幻想的最终解释并不是"瞧，所有这一切都证明你爱我"的话，那么治疗就不会有任何效果。

作者让佐伊用以治疗她童年朋友的妄想症的方法，与约瑟夫·布罗伊尔医生和我本人于1895年介绍到医学界的治疗方法十分相似——不，是本质上的完全一致。从那以后，我一直致力于这种疗法的完善。这种治疗方法，布罗伊尔首先为其取名为"疏泄法"（cathartic），而我则喜欢称之为"分析法"（analytic），用于治疗患类似于汉诺尔德妄想性精神错乱的患者。它包括把因某种情绪受抑致病的患者的潜意识，在某种程度上强行引入意识中来，正如格拉迪娃对汉诺尔德心中受到抑制的他们童年关系的记忆所做的那样。格拉迪娃真的比医生更容易完成这一任务：从多个方面来说，她都是做这项工作的理想人选，因为医生对患者的经历一无所知，对发生在患者身上的潜意识缺乏清醒认识。所以，为弥补这一不足，医生必须动用一种复杂的技术辅助他工作。他必须学会如何非常肯定地从与患者的有意识交往和沟通中，引导出其内在受到抑制的那一切，学会发现隐藏在有意识的言语和行为背后的以假象出现的潜意识内容。然后，他才能像汉诺尔德在故事结尾时，把"格拉迪娃"重新解释为"伯特冈"一样，解开谜团。根源找到后，精神错乱也就消失了；"分析"，同时也就是治疗。

但是格拉迪娃的治疗程序与心理治疗的分析法的相似之处并不局限于这

两点上，即调动受抑制的内容进入意识状态和以解释为治疗手段。它还延伸至被证明是整个变化的基础的手段——感情的唤起。在学术界，类似汉诺尔德的妄想性错乱，我们习惯称之为"精神性神经症"（psychoneuroses）。这种病每一例都有一个情节安排条件。那就是本能生活部分受到抑制，或者我们稳妥一点说，是性本能部分受到抑制。在每一次试图把潜意识受抑制的病因导入意识的努力中，相关的本能因素便被唤起与抑制力形成新的冲突，只是在最后的结果上与他们妥协，并常伴有强烈的反应。如果我们将众多的性本能因素都归在"爱"的名目下，那么，这一治疗过程是在爱的回归中完成的。这种回归是不可避免的，因为要治疗的症候就是抑制与受到抑制的那一切的回归之间的早期冲突的沉淀。经同一激情的新一轮大潮的冲刷，才能将它们荡涤。每一次精神分析治疗都是一次解放受到抑制的爱的努力。这种受抑制的爱，在患者生病时仅能从症状中找到一个狭小的发泄口。的确，这种治疗方法和《格拉迪娃》的作者所描述的治疗过程的一致性，在下面这个事实中真是达到了登峰造极的地步。那就是，精神分析法（analytic psychotherapy）唤起的激情（不管是爱还是恨），总是选择医生作为它的宣泄对象。

　　正是在这里产生了两种疗法间的区别。而这一区别又使格拉迪娃的个案成为医学技术无法达到的一个理想范例。格拉迪娃能够对患者从潜意识返回意识的爱给予回报，医生却做不到这一点。格拉迪娃本人成为早期受抑制的爱的对象，她立刻成为被她解放的爱的理想目标。医生曾是个陌生人，他必须努力在治疗之后再次成为陌生人。他常常感到为难，不知该怎样劝说被他治愈的患者在现实生活中运用已恢复的爱的能力去爱一个人。对照作者给我们提供的这一以爱治病（a cure by love）的例子，来指出医生在常规行医时所采用的手段和类似的技巧——这些已非我们这里的任务范围。

　　现在轮到最后一个问题，这个问题的答案我们曾不止一次避开。我们对抑制、对幻想和类似的精神错乱的起因，对梦的形成和解释、情色生活所起的作用、治疗精神错乱所使用的方法的观点，与普通的科学观点相去甚远，更不用说与那些自信的受过教育的人的观点有什么相同了。如果使得作者构建了这个我们将其当作一个真实病史进行剖析的"幻想"的洞察力也属于知识范畴，我们就应该好奇地去了解一下这一知识的来源是什么。我们行业中有一个人——我在文章开始时提到过，他对《格拉迪娃》中的梦以及它们的诠释很感兴趣——向作者提出了这样一个直接的问题，即他本人是否懂得他书中的那些科学理论。作者的回答正如人们所料，是否定的，并且有些粗暴。他说，他的想象孕育了《格拉迪娃》，他很喜爱它；如果有人不喜欢它，他可以不读。他对自己的作品实际上多么受读者喜爱，是很自信的。

作者的否认很可能还不止这一点。他可能会全盘否认自己了解我们指出的他所遵循的那些原则。他还可能否认我们在他的作品中发现的所有创作目的。我并不认为没这种可能性；但要是这样的话，那就只剩两种可能的解释了。或许，我们自编了一套可笑的解释，给一部单纯的艺术作品导入连创作者本人都不知道的目的。如此一来也就再次表明，看看一个人在找什么，看看一个人心里都在想些什么是多么地容易——再奇特的例子都完全有可能在文学史中找到。现在，请每位读者都判断一下，看看自己是否能够接受这一解释。当然我们自己持另外一种观点，即还剩下一种可能性。我们的观点是，作家没有必要知道这些规则和目的，所以他才那么坚决地加以否认。然而我们发现，在他的作品中所需的科学知识已应有尽有。我们也许方法不同，但资料和课题却是相同的。两种结果的一致，证明我们的研究都是正确的。我们的研究程序包括对别人异常心理过程做有意识的观察，以便能够找到规律。显然，作家的处理方式与我们不同。他把注意力放在自己心中的潜意识上。他任其发展并用艺术加以表现，而不是用有意识的批评来压制它们。因此，他通过亲身体验获得了我们从他人那里得到的认识——潜意识活动必须遵循的规律。但他没有必要陈述这些规律，甚至也不必清晰地意识到；由于他的理智的宽容，这些规律就融入他的创作之中。我们是通过对他作品的分析发现这些规律的，就像我们通过真实的病例发现这些规律一样；但是，无论是作家还是医生，都似乎必须面对这样的结论：我们都以同样的方式对潜意识有着错误的理解，或者都有着正确的理解。这一结论对我们来说有着巨大的价值。正是因为这个结论，我们很有必要运用医学精神分析的方法来研究詹森在《格拉迪娃》中描述的妄想和梦的形成与治疗。

我们似乎可以到此结束了。但是有心的读者会提醒我们，在文章开始的时候我们曾断言梦是愿望的实现，但我们未曾提供证据。我们的回答是，我们在上述篇幅中描述的一切可以说明，用"梦是愿望的实现"这一简单公式来涵盖我们对所有梦的解释，是多么没道理。不过，这一断言却是成立的，就《格拉迪娃》中的梦而言，又是容易证明的。隐性梦思想——我们现在知道它们的意思了——也许是千变万化的；在《格拉迪娃》中，他们是"日昼的残迹"，是清醒生活中心理活动因未被注意和未加处理而遗留下来的思想。但是若要把它们发展成梦，还需要得到愿望（一般是潜意识愿望）的合作。这是形成梦的动力，而日昼残迹则是梦的材料。在诺伯特·汉诺尔德的第一个梦中，两个愿望互相竞争，争当这个梦的动力，其中一个愿望其实是可以进入意识状态的，而另一个则属于潜意识，是从抑制中逃逸出来的。第一个愿望是，希望自己在公元79年那场大灾难中作为目击者而亲临现场。这在任何一位考古学家来说都是可以理解的。如果这一愿望可以用除梦以外的任何方式实现的话，那么作为一位考古学家，他还有什么不能忍受的呢！另一个愿望，梦的另一个制造者，带有情色性质，因为这个愿望是以粗野而且不完整的方式表述为，当热爱的姑娘躺下睡觉时，他希望在她身边。正是对这种愿望的排斥，使得它成了一个焦虑梦。构成第二个梦的动力的那些愿望，可能不太明显；但是，如果我们还记得对它解释的话，我们会毫不犹豫地说这些愿望也具有情色性。想被所爱的姑娘俘虏，与她同陷情网并听命于她的愿望——这样一来，我们才能去构想捕捉蜥蜴情景背后的那个愿望——事实上有着被动的、受虐的性质（masochistic character）。在后来的一天里，梦者打了那姑娘，好像他受到了相反情色流（erotic current）的主宰……但是，我们必须在这儿打住。否则，我们就真的会忘记汉诺尔德和格拉迪娃仅仅是作者心智的产物而已。

04 创造性作家与白日梦

1907年12月6日,在出版商、维也纳精神分析学会成员雨果·海勒的寓所中,弗洛伊德对着90多位听众第一次宣读了这篇讲稿。本文正式发表于1908年初。

作为外行,我们总是揣着一颗强烈的好奇心,并和那位向阿里奥斯托(Ariosto)提出类似问题的红衣主教(Cardinal)一样,想知道创造性作家这样的怪物到底从哪里弄到自己的素材,又如何组织加工这些素材,竟使我们产生如此深刻的印象,并在我们心中激起连我们自己都不曾料到的情感。使我们更加兴趣盎然的是,就是问作家本人,他也未必解释得了,抑或解释得不尽人意。即使我们都彻底了解作家是怎样选取素材的,了解创造想象形式的艺术真谛,这也不可能帮助我们把自己修炼成为作家。尽管这样,我们还是兴致不减。

要是能在我们自己或者像我们的人身上,至少发现一种与创造性写作有着某种关联的活动,该有多好啊!对这一问题的研究有望使我们对作家的创作做出解释。说真的,这是完全可能的。毕竟创造性作家也乐意缩短自己与普通人之间的距离;他们一再让我们相信,每个人在心灵深处都是一名诗人。一息尚存,总有诗人。

我们是不是应该从童年时代那里去寻求想象活动的第一缕线索?孩子最喜欢、最投入的活动,要数玩耍和游戏了。我们可不可以说,每个孩子玩耍时和创造性作家一样，创造着一个属于自己的天地？或者确切地说，他在用自己喜爱的新方式重新组合自己天地中的一切？如果认为他并没有严肃对待那一天地，这就错了，恰恰相反，他在玩耍时非常认真，并倾注了极大情感。与玩耍相对的并非严肃之物，而是实在之物。不管在自己的游戏天地中倾注了多少情感，孩子还是能够将它很好地与现实区分开来；孩子喜欢把想象中的事物和情境，与现实世界中看得见摸得着的事物联系起来。这种联系是区别孩子的"玩耍"与"想入非非"的根本依据。

创造性作家与玩耍的孩子做着同样的事。他创造了一片想入非非的天地。他可是认真的。也就是说，这是他倾注了极大的情感创造的天地。同时他又严格地将它与现实世界区分开来。语言保留了孩子玩耍和诗歌创作间的关系。（在德语中）充满想象的写作形式，称为"Spiel"（玩耍）。这类写作形式必须与有形事物相联系，并能表现它们。德语中有"Lustspiel"或"Trauerspiel"（即"喜剧"或"悲剧"，字面意义是"快乐玩耍"或"悲伤玩耍"），还有将从事表演的人称作"Schauspieler"（即"演员"，字面意义是"表演玩耍者"）的词。然而作家的想象世界的非真实性，对其艺术技巧有着举足轻重的意义；因为许多事情如果是真的，便不好玩。幻想剧（play of phantasy）就是这样。许多令人兴奋的内容实际上是令人悲痛的，但在一个作家的作品上演中，却成了听众和观众的快乐源泉。

下面，我们从另一个角度，花更多些时间来看看现实与戏剧间的对照。孩子长大成人不再玩耍，并经过几十年的刻苦努力能严肃对待生活现实时，他某一天或许会感到自己处于又一次抹杀了戏剧与现实之间差别的心理情境（mental situation）之中。作为成人，他能够回想起小时候玩耍时的那股极其严肃的劲儿；如果在今天他那貌似严肃的投入和童年时代的玩耍之间画个等号，他就可以抛开生活强加的不堪重负的包袱，从而通过**幽默**得到无比的快乐。

所以，人长大了，不玩耍了，也就放弃了从玩耍中得到的快乐。但是了解人类心理的人都会知道，要想叫一个人放弃自己曾有过的快乐，真是难上加难。其实，我们什么都不会放弃；我们只是用一种快乐去换另外一种快乐。貌似弃绝的一切实际上成了替代物或曰代用品。同样，成长中的孩子不玩耍时,放弃的只是与真实事物的联系;他不**玩耍**,却**想入非非**(phantasy)。他创造空中楼阁,创造了那些所谓的**白日梦**。我相信,大多数人都在生活的某个时刻构造了幻想。这是一个被长期忽视的事实,其重要性也未被充分认识到。

与观察儿童游戏相比,观察人们的幻想并非易事。说真的,一个孩子要么独自玩耍,要么为了做游戏和其他孩子一起形成了一个封闭的精神系统;但是,尽管在大人面前可能不玩耍了,孩子也从不在大人面前掩盖自己的游戏。与孩子相反,成人却因自己的想入非非而羞愧难当,因此总在他人面前遮遮掩掩。尽管对自己的幻想珍爱有加,但通常他宁愿承认自己的恶劣行径,也不愿向人透露自己的幻想。造成这种情况的原因可能是,他相信只有自己才创造这样的幻想,而根本不知在别人那里这类创造也相当普遍。玩耍的人和创造幻想的人在行为上的这种差异,源于两种活动的不同动机,然而它们却是互依互存的。

孩子的玩耍是由其愿望决定的:其实只有一个愿望——一个在成长过程中有很大的促进作用的愿望——希望长大成人。他总是做"长大成人"的游戏。游戏中,他模仿着自己所知道的年长者的生活方式。他没有理由掩饰这个愿望。至于成人,情况就不同了。一方面,他知道不该再玩耍,不该再想入非非,而是应该回到现实世界中去;另一方面,他也知道应该将那些使自己想入非非的愿望收藏起来。所以,他才会因那些幼稚且为人不齿的幻想而羞愧难当。

但是,你们一定会问,既然人们把自己的幻想搞得神神秘秘的,我们又是如何知道那么多的呢?哦,有这样一类人,神(确切说是位严厉的女神)——必然地——向他们分派了任务,要他们讲述痛苦经历和幸福之由。[1] 他们是神经病(nervous illness)牺牲者,必须向医生坦白自己的一切(包括幻想),这样才有望让医生采用心理疗法来治愈疾病。这是我们最好的信息来源。现在,我们有充足理由认为,如果病人守口如瓶,我们从健康

---

[1] 这一典故取自歌德的诗歌剧《托尔夸托·塔索》(*Torquato Tasso*)最后一幕中诗人主人公的几句著名念词:"当人类在其痛苦中麻木时,神让我知道自己为何受难。"

04 创造性作家与白日梦 081

人那里也无从知晓。

现在，让我们熟悉一下幻想的几个特征。我们可以说，一个幸福的人从来不幻想，只有那些愿望难以满足的人才会。幻想的动力是未满足的愿望。每一次幻想都是一次愿望的满足，是对令人不满足的现实的一次纠正。这些充当动力的愿望，因想入非非者的性别、性格和环境的不同而异；但它们又自然地分成两大类别：要么是雄心愿望（可提高想入非非者的人格），要么是情色愿望。在年轻女子身上，几乎清一色的是情色愿望，因为她们的抱负通常与情色愿望合流了。在年轻男子身上，私己的雄心愿望和情色愿望相当明显地并驾齐驱。但是我们不准备强调两种倾向间的对立；我们更愿强调它们常常合流这样一个事实。正像捐献者的肖像可在许多教堂祭坛后壁画的某一角落里看到的那样，在大多数雄心幻想中，我们也会在这个或那个角落里发现一位女子。为了她，幻想的创造者做出了自己全部的英雄举止，并将胜利果实全都堆放在她的脚下。就像您一眼就明白那样，这里确实有着掩饰幻想的强烈动机；有着良好教养的女子只允许有最低的情色欲求，青年男子必须学会压制自己因童年时代的溺爱而养成的过分的自以为是，以便在充斥着自以为是的人们的社会中找到自己的位置。

我们认为，这类想象活动的产物（形形色色的幻想、空中楼阁和白日梦）并非刻板或不可更改的东西。恰恰相反，它们适应着想入非非者那变幻的生活印象，并随自己情境的改变而改变，从每一个鲜活的印象中获得或许可称为"日戳"（date-mark）的那一切。总的说来，幻想与时间之间的关系是至关重要的。我们可以说，幻想似乎徘徊于三段时间——我们的观念所经历的三个时刻——之间。心理活动与某些现时的印象相关联，与某些现时的诱发心理活动的事件有关。这些事件可以引起想入非非者的一个重大愿望。心理活动由此又唤起对早年（通常是童年时代）经验的记忆。因为正是在这一时期，该愿望曾得到过满足；于是又在幻想中创造了一个与未来相联系的场景，以表现愿望的满足。如此创造出来的，正是白日梦或者幻想，其根源在于刺激其产生的事件和某段经历的记忆。这样，过去、现在和未来就串联在了一起。愿望之线也贯穿其中了。

举一个非常普通的例子，就可以把我所说的这些问题解释得一清二楚。

让我们以一个贫穷孤儿为例。您已经给了他某个雇主的地址，他在那儿或许能够找到一份工作。在去的路上，他可能沉湎于跟当时情景相应的白日梦中。他的幻想也许是这样的：有了份工作，得到新雇主的器重，自己成为企业中不可或缺的人物；又被雇主家相中，和这家迷人的小女儿结了婚，随后又成为企业的董事；开始是雇主的合股人，后来又成了他的继承人。在这种幻想中，白日梦者重新获得他在幸福的童年时代曾拥有的一切——家庭的庇护，父母的疼爱，以及最初他情有独钟的那一切。从这个例子中您可以看到，愿望利用一个现时的机遇，在过去经历的基础上描绘出一幅未来的画面。

关于幻想还有许多方面值得谈，但是我将尽可能扼要地说明其中的几点。如果幻想过多、过强的话，神经症（neurosis）和精神病（psychosis）就处于待发作状态。此外，幻想是我们的患者经常抱怨的苦恼病状的直接心理预兆。它像一条宽阔的岔道，伸向病理学范畴。

我不能对幻想与梦之间的关系避而不谈。我们的夜梦就属于此类幻想。这一点，我们可以通过释梦[1]来证实。语言很久以前就以其无与伦比的智慧对梦的本质下了定论，把幻想的虚幻创造命名为"白日梦"。如果我们对自己的梦的意义总觉得含糊不清的话，那是因为夜间的环境使我们产生了一些令自己羞耻的愿望；这些都是我们必须对自己隐瞒的愿望，所以它们受到压制，并被推入潜意识中。这种受压制的愿望及其派生物只能以一种极端歪曲了的形式表现出来。当科学工作已能成功地解释**梦变形**（dream-distortion）这一因素时，就不难认识到：夜梦与我们非常了解的白日梦（即幻想）一样，是愿望的满足。

关于幻想，就谈这些。现在，来谈谈创造性作家。我们可不可以将充满想象的作家与"光天化日下的做梦人"做一比较？可以把他的创作与白日梦做一比较吗？首先，我们必须做一件工作，将那些（像古代史诗作家和悲剧作家那样）接过现成素材的作家，与似乎是自己原创素材的作家区分开来。为了比较，我们着重于后一类作家。我们不去选择那些批评家极其推崇的作

---

[1] 参见弗洛伊德《释梦》（1900a）。

家,而是选择那些不太自命不凡,却拥有非常大、非常热忱的读者群的长篇小说、爱情文学和短篇小说的作家。在所有这些小说作家的作品中,有一个特点我们肯定能看出:每部作品都有一位主人公。这个主人公是读者的兴趣所在。作家用尽一切可能的表现手法来使该主人公赢得我们的同情,似乎要将这一主人公置于什么特殊神(Special Providence)的庇护之下。假如我在小说某章结尾处把主人公遗弃,让他受伤流血,神志昏迷,那么在下一章的开头我肯定会让他得到精心的治疗、护理,逐渐恢复健康;如果第一卷以他乘的船在海上遇到暴风雨而下沉为结尾,那么,可以肯定我会在第二卷的开头让他奇迹般地获救——没有获救这一情节,小说会没法写下去。我带着安全感跟随主人公走过他那危险的历程,这正是在现实生活中英雄跳入水中拯救落水者时的感觉,或者是为了猛烈攻击一群敌兵而将自己暴露在敌人炮火之下时的感觉。这种感觉是真正的英雄感。我们最优秀的作家曾用一句盖世无双的话表达过:"**我**不会出事!"然而通过这种刀枪不入的特性,我们可以立即认出"本我陛下"(His Majesty the Ego),因为每场白日梦及每篇小说里的主人公都如出一辙,都是一个"唯我独尊的自我"。

这些自我中心的小说在其他方面也表现出类似的特性。小说中所有的女人无不爱上男主人公。这很难说是现实的写照,但作为白日梦必要的构成因素,是很容易理解的。还有一点也一样,那就是小说中的其他人物都截然分成好人或坏人,根本无视现实生活中所见到的人类性格的多样性。"好人"都是本我的助手,"坏人"则是本我的敌人和对手,而这个本我就是故事的主人公。

我们完全明白,许多充满想象的作品与天真烂漫的白日梦模式相去甚远;但我忍不住要怀疑,即使偏离白日梦模式最遥远的作品,也可以通过一系列不间断的过渡与白日梦联系起来。我注意到,许多所谓的心理小说作品只有一个充满内心描写的人物——当然又是主人公啦。作者好像缩在自己的心里,看到的好像都是其他人物的外表。总的说来,心理小说之所以特殊,无疑是因为现代作家往往凭借自我观察,将其主人公分裂成许多部分的本我(part-egos)。结果,作家把自己精神生活中相冲突的几种倾向,在几个主人公身上体现了出来。有些小说或可称为"怪诞"(eccentric)小说,似乎与白日梦的类型形成非常特殊的反差。在这些小说中，主人公介绍给读者的人物仅仅扮演一个很小但积极的角色；他像旁观者一样，静观他人的活动和遭受的痛苦。左拉（Zola）的许多后期作品都属于这一类。但是我必须指出，对并不是创造性作家的人们以及在某些方面背离所谓常规的作家所做的精神分析，向我们表明了白日梦的这些类似变体的存在。在这些变体形式中，本我都甘于充当旁观者的角色。

如果我们在充满想象的作家和白日梦者、诗歌创作和白日梦之间的比较还有点价值的话，那么，这种比较一定会以这种或那种方式来表现其成果。让我们试着将我们确定的有关幻想与三段时间和贯穿三段时间的愿望间的关系命题，应用到这些作家的作品之中；借助于此，我们还可以试着研究一下作者的生活与其作品间的联系。一般说来，天知道研究这个问题会得到什么结果；而且对两者间关系的认识也常常过于简单。根据我们对幻想研究的认识，我们应该料想到下面的情况。现时的一个强烈经验，唤起创造性作家对早年经历（通常是童年时代）的记忆。在此记忆中又产生一个在其创造性作品中可以得到满足的愿望。其作品本身能够显示出近期的诱发事件和旧时的记忆这些因素。

不要因这个程式的复杂性吓了一跳。我想它其实是一个小得不能再小的模式了。然而它或许包含着弄清事情真相的第一步；根据我所做的一些实验，我倾向于认为，对创造性作品的这种研究并不会徒劳无功。您一定没有忘记，对作家生活中童年记忆的强调——这种强调也许有点莫名其妙——归根到底来自这样一种假设：创造性作品和白日梦一样，都是童年时代曾做过的游戏的继续和替代。

然而我们不能忘记回到我们必须加以认识的那类充满想象的作品。我们必须承认作品并非原创之作，而是对现成和熟悉素材的加工改造。即使在这里——在素材的选择以及素材的千变万化上，作家也有着很大的独立性。不过就现成素材来说，它来自流行的神话、传说及童话故事的宝库。虽然对此类民间心理（folk-psychology）构造的研究还远远不够彻底，但极有可能的是，神话（举个例子而已）是全体民族充满愿望的幻想被歪曲后留下的残迹，是早期人类**世俗的梦想**。

04 创造性作家与白日梦　085

您会说，我在论文题目中把作家放在了首位，却大谈幻想而非作家。我意识到了这一点，也应该说明理由了。我应该说明一下我们目前的认识状况，以此给自己找个理由。从关于幻想的研究着手到作家选择文学素材的问题，我所能够做的也就是提出一些鼓励和建议罢了。至于另外一个问题，即作家采用什么手段来激发我们内心的情感效应，到目前我们还根本没有涉及。但我至少想向您指出一条从我们对幻想的讨论一直通向诗性效应（poetical effects）问题的道路。

您一定记得我曾说过，白日梦者之所以小心翼翼地向别人隐瞒着自己的幻想，是因为他感到有理由因自己创造的幻想而感到羞愧难当。我现在应该做个补充，即使他打算把这些幻想告诉我们，这种推心置腹也不会给我们带来任何快乐。我们听说这些幻想时，会产生反感或者至少是毫无感觉的。但是当一位作家给我们献上他的戏剧或者我们习惯于视之为他个人的白日梦的故事时，我们就会体验到极大的快乐。这种快乐极有可能是众源汇聚而成。作家如何做到这一点，那是他内心深处的秘密；诗歌艺术（ars poetica）的精华，在于克服我们心中厌恶感的技巧。这种厌恶感无疑与各个本我间产生的隔阂有关。我们可以猜到这种技巧的两大方法：作家通过改变和掩饰利己主义的白日梦以削弱它们的利己性；他在给我们呈现的幻想中，以纯形式（即美学）的快感来贿赂我们。我们可以称之为"额外刺激"（incentive bonus）或"前期快乐"（fore-pleasure）。作者向我们提供这种快乐，是为了使从更深层的精神源泉中释放出更大的快乐成为可能。我的观点是，创造性作家提供给我们的所有美感之乐，都具有这种前期快乐的性质。我们对一件充满想象的作品的真正欣赏，都来自我们对精神紧张状态的摆脱。甚至有可能是，这种效果有相当一部分应归之于作家能够使我们享受到自己的白日梦而又不必去自责或感到羞愧。这一点又把我们带到新的、有意义的、复杂难懂的研究面前；但同时（至少目前是）也把我们带到这次讨论的终点。

05 达·芬奇的童年回忆

　　1898年10月9日，弗洛伊德在致弗利斯的信中的一句话，表明他对达·芬奇的兴趣由来已久，他说："也许，最著名的'左利手'就是达·芬奇，没人知道他有过什么风流韵事。"弗洛伊德的这种兴趣并非暂时的。我们发现，他在回答一份关于"自己特别喜爱什么书籍"的调查问卷时，曾提到梅列日科夫斯基（Merezhkovsky）对达·芬奇的研究。然而却是1909年秋出现的一位患者，直接促使弗洛伊德撰写了这部著作。是年10月17日，弗洛伊德在写给荣格（Jung）的信中提到，这位患者的性格好像与达·芬奇一样，只是不具备达·芬奇的天才而已。他还提到自己刚从意大利找到一本关于达·芬奇青年时代的书。这就是下文中将要涉及的斯科尼亚米利奥（Scognamiglio）的专题论文。弗洛伊德阅读了这篇论文和其他关于达·芬奇的书籍后，于12月1日向维也纳精神分析学会报告了这一研究课题。然而直至1910年4月初，他才完成其研究成果并于5月末成书出版。

　　[此书再版时，弗洛伊德做了大量修正和补充工作。其中最值得一提的是1919年增补了对"包皮环切"（circumcision）的简短注释，摘录了赖特勒（Reitler）著作和选用了菲斯特（Pfister）较长的引文。1923年的版本还增补了关于伦敦漫画的讨论。]

一

　　精神病学研究通常满足于将一些弱者当作对象，可只要涉及出类拔萃的人物，就乐不起来了，理由就是外行们常常说的那些。"世界喜欢使辉煌黯然失色，将崇高拽入泥潭"[1]根本就不是这一研究目的的一部分；而且，去缩短出类拔萃者之完美与精神病学通常所关切的研究对象的缺陷之间的鸿沟，也是不尽如人意的。但是，这种研究又不由得认为去理解声名显赫之辈所拥有的一切特征是值得的，并认为没人可以了不起到因服从那些既主宰着正常活动也主宰着病理活动的规律，而颜面尽失。

　　甚至列奥纳多·达·芬奇（Leonardo da Vinci, 1452—1519）同时代的人，早已将他尊为意大利文艺复兴的伟大人物；和我们今天的感觉一样，当时他就是个谜。他是一位全才，"其能力范围，我们也就猜猜罢了，而永远难以界定"。[2]他当时最大的影响力是在绘画方面，我们是后来才认识到他那集自然科学家、工程师和艺术家于一身的伟大之所在。他留下了大师级绘画作品，而他的科学发现却一直没有得到发表和运用。他的那种钻研精神从未让其在艺术中自由发展，而常常使他身不由己，最终或许可以说抑制了他。根据乔吉奥·瓦萨里（Giorgio Vasari）的描述，他在生命的最后时刻深感自责：未能在艺术上尽责而冒犯了上帝和人类。[3]瓦萨里的这段叙述既无外在的更无多少内在的可能性，仅仅是一种传言罢了。关于这位神秘大师的这种传言，甚至在他去世前就开始瞎编了。即便如此，这依旧是人们当时所相信的那一切的证据，有着不可否认的价值。

　　到底是什么妨碍了列奥纳多同时代的人对其个性的理解呢？原因当然

---

[1] "世界喜欢使辉煌黯然失色，将崇高拽入泥潭"出自席勒的名诗《奥尔良少女》。此诗被收入其1801年版的剧本《奥尔良少女》中，以为序诗。它被认为是对伏尔泰的《少女》的攻击。

[2] 这话是雅各布·伯克哈特（Jacob Burckhardt）说的，康斯坦丁诺娃（Konstantinova）引用（1907）。

[3] "他（达·芬奇）恭敬地直起了身，坐在床上，说了自己的病情，并表示自己应该努力从事艺术创作，却没有，这下大大冒犯了上帝和人类。"（见瓦萨里的著作，1919）

不在于他多才多艺、知识渊博。这一切使得他能够毛遂自荐，进入米兰公爵（the Duke of Milan），即被称作"摩尔人"（Il Moro）的洛多维科·斯福尔扎（Lodovico Sforza）的宫廷，当上一名弹奏由他自己发明的一种鲁特琴（lute）琴师。他还给这位公爵写了一封非凡的信件，夸耀自己作为建筑师和军事工程师的成就。虽然我们必须说列奥纳多是多才多艺的杰出典范，但这种集各种才能于一身的情况在文艺复兴时期还是相当常见的。他也不是那一类从老天那里获得可怜巴巴的外在禀赋的天才，那种天才根本不重视外在的生活形式，却以痛苦忧郁的态度躲避着与人类的一切交往。恰恰相反，他身材高挑匀称，五官完美无瑕，体魄膂力过人，投手举足间魅力四射，口若悬河，能言善辩，待人开朗，和蔼可亲；他爱身边万物之美，喜欢华丽的服饰，注重优雅的生活。一篇讨论绘画的文章中有一段说出了他那可爱的享乐能力。他把绘画与其姊妹艺术进行了比较，并对雕塑家将要面临的艰难困苦做了描述："他们脸上沾满了大理石灰，看上去像面包师，浑身都是大理石碎屑，好像满背驮着一层白雪；家里到处是碎石粉尘。至于画家，则完全不同了……可以十分惬意地坐在自己的作品前。他们衣着讲究，手执精巧画笔，蘸着悦目的颜料。画家想穿什么就穿什么；家里到处都是令人开心的画作，一尘不染。画家经常播放音乐，请人朗读美文佳句，满耳优雅，心情无比愉悦，而全无锤钎等噪声。"[1]

如果认为列奥纳多是位兴高采烈、贪图享乐之辈，那么这种想法的确极有可能只适于这位艺术家生活的早期及其后较长的一段时期。后来，"摩尔人"洛多维科统治的垮台迫使他离开米兰，这座城市曾是他的活动中心和地位保证。没了保障，鲜有外在成就，疲于生活，直到他在法国找到了最后的避难所。性情中的光彩已黯然失色，他天性中某些古怪方面便日益彰显。而且，从艺术转向科学的兴趣，与日俱增。这必定扩大了他与同时代人之间的鸿沟。人们认为，他原本应该为卖画而努力创作，并像从前的同学彼得罗·佩鲁吉诺（Pietro Perugino）一样以此生财。他却不务正业，将精力浪费在瞎捣鼓上，甚至有人怀疑他致力于"黑色艺术"。现在我们可以

---

[1] 《论绘画》（Trattato della Pittura）。

更好地认识他了,因为从他的笔记里我们了解到了他所从事的那一切艺术实践。在一个开始以古代权威取代教会权威,一个尚不知晓除了预设还有其他什么研究形式的时代,列奥纳多虽然是一位与培根(Bacon)和哥白尼(Copernius)齐名的科研先驱,却又必然是孤立的。解剖马匹和人类尸体、建造飞行器、研究植物营养及其中毒反应时,他肯定远远避着专事亚里士多德(Aristotle)的那些评论家,而与受人鄙视的炼金术士们(alchemists)走得近些。因为,在事不顺遂的日子里,他在这些人的炼金室实验研究中至少可以得到些宽慰。

这种情况对他的绘画产生了影响,他很不情愿提起画笔,越来越少动笔,开个头后就搁置一旁,不再考虑作品的最后归宿。同时代的人因此指责他,他对艺术的态度也成了人们心中的谜。

列奥纳多的几位崇拜者后来努力为他开脱,说他性格中没有不稳定的缺陷。他们辩解说,他受指责之处正是伟大艺术家们的一个普遍特征。哪怕是精力旺盛的米开朗琪罗(Michelangelo)——一个全身心投入创作实践的人——照样留下许多未竟之作,列奥纳多和米开朗琪罗都没错。这些人进而极力主张,有些未竟之作就不是个问题,因为画家本来就希望那样。外行眼中的杰作,只是作品创作者创作意图不尽如人意的体现。艺术家本人对完美有着某种朦胧的认识,但对一遍又一遍画出来的相似性感到绝望。这些人认为,最不应该的是叫艺术家对自己作品的最终命运负责。

这些借口尽管可能各有其理,却依旧解释不了列奥纳多遇到的各种情况。磨砺一件作品时饱含痛苦,最终却又放弃作品,对其未来归宿茫然不知,虽然许多艺术家可能都会遇到这种情况,但它在列奥纳多这里表现得很极端。埃德蒙多·索尔米(Edmondo Solmi)引用了一位弟子的话说:"绘画时,他好像一直浑身颤抖,但是所画作品却无一完成,因为对艺术的伟大充满崇敬,他竟会在别人看来是神奇的作品中找出瑕疵。"(1910年,12页)索尔米接着说,达·芬奇最后的那些画,如《丽达》《圣母玛利亚》《酒神巴库斯》,以及《施洗者圣约翰》都是未竟之作,"这多多少少就和他的其他作品一样……"复制《最后的晚餐》的那位罗马佐(Lomazzo),在一首十四行诗中提到了列奥纳多在未竟之作方面这种出了名的无能:

> 从不放下画笔的普拉托詹尼，
> 毫不逊色于神人芬奇
> 其作品都未完成得彻底。[1]

列奥纳多绘画进度之慢已成众人话柄。经过充分预备研究后，他花了整整三年时间为米兰圣玛利亚修道院画了《最后的晚餐》。小说家马泰奥·班德利（Matteo Bandelli）当时是修道院里的一名小修士。他说列奥纳多常常一大早就爬上脚手架，傍晚才下来，不曾放下画笔，忘了吃饭喝水。然而，一天又一天过去了，他却没画一笔。有时他会在画前待上好几个钟头，仅仅在心中进行构思。他有时从米兰城堡的宫廷中直接来到修道院，为的是给斯福尔扎马上塑像的模型添上几笔，然后就突然搁笔。[2] 瓦萨里说，列奥纳多花了四年时间为佛罗伦萨的吉奥孔多（Francesco del Giocondo）之妻蒙娜丽莎（Mona Lisa）画肖像，最终也没完成。这种情况也就说明这幅画为什么没能交付给委托人，而是被画家一直留在身边并亲自带往法国。[3] 国王弗朗西斯一世（Francis I）买下了这幅画，如今它成了卢浮宫的镇馆之宝。

如果把这些有关列奥纳多工作方式的传闻与他本人留传于世为数极多的草图和研究资料做个比较，我们一定会完全拒绝一种想法，那就是不稳定和草率的特质对列奥纳多及其艺术影响甚微。恰恰相反，我们可以看到想在非凡的深邃性和无限的可能性之间拿主意，那就断然免不了踌躇不决，忍痛割爱，以及甚至艺术家本人都难说清的在艺术创作中的缩手缩脚，最终作品不合自己的理想。在列奥纳多的创作中，进度慢一直很突出，这是缩手缩脚的具体表现，预示了他后来退出画坛。[4] 也正是这一点，决定了《最后的晚餐》盛名之下其实难副的归宿。列奥纳多很不甘心搞壁画，因为那要在底色颜料未干时快快地画。他因此选用油彩，其风干的过程拉长了绘画的创作时

---

1 引自斯科尼亚米利奥（Scognamiglio，1900）。
2 冯·塞德雷斯（Von Seidlitz，1909，1，203）。
3 冯·塞德雷斯（Von Seidlitz，1902，2，48）。
4 佩特（Pater，1873）写道："然而，可以肯定在他生命的某个时期里，他已几乎不再是一位艺术家了。"

间,很适合他的闲情雅致。可是,这些色料会与底色颜料相分离,并从墙壁剥落,加上墙壁的破损和建筑物本身的命运,决定了这些画不可避免地遭到损坏。[1]

一项相似技术实验的失败,损坏了《安吉里之战》。后来为了与米开朗琪罗一争高低,他开始在佛罗伦萨会议厅的墙壁上创作这幅壁画,结果也是没画完就弃之不管了。在这幅画中,他对一种全新的兴趣加以试验,虽然一开始加强了艺术性,但后来的结果是毁了那幅画。

列奥纳多这个人的性格表现出其他一些不同寻常的特质和明显的矛盾。消极无为、无动于衷在他身上似乎非常明显。有时大家都想大展拳脚,但如果不狠狠地侵害他人则很难实现这一目的。列奥纳多却是出了名的宁静平和、不争不吵。他对谁都温文尔雅,特别喜欢去市场买鸟放生。[2]他谴责战争与流血,说人根本不是动物世界之王,而是最恶的野兽。[3]但是,他情感中这种女性特有的细腻,并未妨碍他陪着囚徒一起去刑场,以便研究他们因恐惧而扭曲的五官,并在笔记本上画下素描;也未妨碍他设计出最残酷的进攻性武器;更未妨碍他出任恺撒·博尔吉亚(Cesare Borgia)的军事总工程师一职。他常常表现得不分善恶,有时却以特殊的标准来衡量善恶。他和恺撒一起出征,以主帅身份指挥一支背信弃义的凶狠之师去夺取罗马涅(Romagna)。在列奥纳多的笔记中,有关这些岁月中的大事却无只言片语的记录,他对此毫不关心。这和法兰西战役中的歌德(Goethe)足有一比。

如果传记研究真的能对传主的心理生活形成认识,那就一定不会像大多数传记一样对对象的性活动和性个性谨小慎微地一笔带过。列奥纳多这方面的情况,我们知之甚少。然而知情虽少却意义重大。在肉欲横流与悲观的禁欲主义相斗争的时代,列奥纳多作为一位艺术家,一位刻画女性之美的肖像画家,却表现出对性欲的冷静拒绝,这是人们始料未及的。索尔米引用了

---

1 见冯·塞德雷斯的著作(1909,第一卷),其中论述了有关试图修复和保存这幅画的历史。
2 明茨(Müntz,1899),一个同时代人,在从印度写给一个美第奇人的信中,谈到了达·芬奇的这种独特行为[见J. P. 里克特(J. P. Richter)的著作,1939]。
3 见博塔齐(Bottazzi)的著作(1910)186页。

列奥纳多的一句话，足以证明他的性冷淡："生育以及一切与之相关的事情，都非常令人恶心，以致如果没有传统风俗，没有漂亮脸蛋儿，没有肉欲本性，人类很快就会消亡。"[1]列奥纳多身后出版的论述，不仅讨论了最了不起的科学问题，还讨论了我们觉得不该是他这般伟大的人物去思考的琐事（寓言自然史、动物寓言、笑话和预言）。[2]这些论述都非常纯洁，甚至可以说清心寡欲，乃至即使放在当今的美文（belles lettres）中都会令人惊讶不已。这些文章凡遇男欢女爱一概避之不及，好像唯有万灵保护神厄洛斯（Eros）对求知过程中的钻研者而言，是毫无用处的。[3]谁都知道，大艺术家们常常通过性爱甚至赤裸裸的香艳图来宣泄自己的幻想，以此寻欢作乐。但是，列奥纳多的情况却恰恰相反，我们只看到了一些女性生殖器内部和胎儿在子宫里的位置等草图。[4]

1　见索尔米的著作（1908）。
2　见赫兹菲尔德（Herzfeld）的著作（1906）。
3　或许在他的《妙语集成》（*Belle Facezie*）中能找到对这一点的异议（虽然它并不重要），但这本书还没有翻译成英文。参见赫兹菲尔德的著作（1906）。——厄洛斯是"万灵保护神"这种说法，比弗洛伊德引用"Eros"这个词早了10年，两个短语几乎完全相同。弗洛伊德将它作为与"死亡本能"相对应的表示性的一般术语。参见《超越快乐原则》（1902g）。
4　[1919年增注]在列奥纳多有关性行为的素描中，有些错误是显而易见的。那是一幅矢状面解剖图，我们肯定不会称之为淫秽的。赖特勒（Reitler）发现了这些错误（1917），并按照我在这里给出的列奥纳多的性格的描述对这些错误进行了讨论。
"恰恰是在描绘这个生殖行为的过程中，暴露出他过度的研究本能完全失败了，显然这是由于他那里的性压抑更强势。男人的身体全画出来了，而女人的身体只画出一部分。如果复制一幅给不带偏见的旁观者看，只露头但遮住身，则可以肯定他会把这个头看成是女人的头。尤其是前额波浪式的刘海儿及披在身后齐于第四、五胸椎的长发，使得这颗头颇不像男人更像女人。"
这女人的乳房有两大缺陷，首先是艺术缺陷，因为图画的线条让人觉得一侧乳房很松弛，令人不爽地垂着；其次是解剖学缺陷，这显然是由于列奥纳多作为研究者排斥性欲，没有仔细观察哺乳期妇女的乳头。假如他做过观察，必定会注意到有许多独立的输乳管输出乳汁。可是列奥纳多只画了一条输乳管，并一直延伸至腹腔，他可能认为这条输乳管以某种方式与性器官相联系。我们应该承认，当时对人体内部器官的研究是非常困难的，因为人体解剖被看作对死者的侮辱，会受到严厉惩罚。列奥纳多所能使用的解剖材料很少，事实上，他是否知道在腹腔内有个淋巴液囊都很成问题，（见下页）

我们甚至怀疑，列奥纳多是否充满激情地拥抱过女人；我们也不知道他是否像米开朗琪罗和维多利亚·科隆纳（Vittoria Colonna）那样，曾与某个女人有过亲密的精神恋爱。学徒时他住在韦罗基奥（Verrocchio）老师的家中，曾遭指控与一些年轻人搞同性恋，结果被判无罪。只是因为他雇了一位名声不好的男孩作模特儿，他就成了嫌疑人。[1] 他自己当上老师后，身边弟子尽是俊俏的男孩或青年。其中一位关门弟子弗朗切斯科·梅尔齐

（接上页）他想在图里画一个类似于腔的东西是没有疑问的。他画的输乳管向下延伸，直到与内部生殖器官连接在一起，由此我们可以推测，他想用能够看见的解剖关系来描绘乳汁开始分泌与妊娠结束在时间上是一致的。但是即使我们准备谅解由于时代条件所限、解剖学知识匮乏，列奥纳多事实上还是明显草率地处理了女性生殖器，使得表现子宫的线条十分混乱，其实他本可以把阴道和类似子宫的东西画出来。

"与此对应，列奥纳多绘制的男性生殖器要正确得多。比如，他不满足于画出睾丸，还画出了附睾，并且画得相当准确。"

列奥纳多所画的性交姿势特别明显。一些著名的艺术家都选择背向的、侧向的性交姿势进行绘画或素描。可是，当我们看到这种站着性交的素描，一定会想到如此近乎荒唐地表现这种行为，其原因在于强烈的性压抑。一个人要想爽快，总会想办法使自己舒服些，在饥饿和性爱这两种原始本能上都是这样。如今人们采取躺着性交的姿势，就像我们的古人躺着吃饭一样，都很正常。就意愿来讲，躺着的姿势或多或少是希望享受的时间更长些。

"长着女人头的男人其面部表情是一种愤怒的抵抗。他那厌恶的目光向旁边斜视着，眉头紧锁，双唇紧闭，嘴角向下。在他的脸上看不到爱的欢愉和纵情之乐，只有愤怒和厌恶。"

列奥纳多在画两个下肢时犯了最蠢的错误。实际上，男人的脚应该是右脚，因为他是通过平面解剖图在描绘性交，男人的左脚在图的最前方，据此，女人的脚便应该是左脚，却在图的中央，列奥纳多把二者调换了位置，男人有一只左脚，女人有一只右脚。如果人们想到大脚趾在脚的内侧，这个调换就很容易理解了。

"仅仅这张平面解剖图就可使我们推断出这位伟大艺术家和研究者对力比多（libido）的压抑，这个压抑使他混淆了一些事情。"

[1923年增注]赖特勒的这些言论受到了批评，因为不应该从一张潦草的素描中得出如此严肃的结论，甚至不能肯定素描中的身体不同部分是否真的同属一人。

1　根据斯科尼亚米利奥的记载（1900），《大西洋古抄本》（Codex Atlanticus）中有一段比较晦涩、可做多种解读的文字，可以当作这一情况的参照："我将上帝说成是婴儿，你们将我投入大牢；现在我要是说他是个成年人，你们对我一定更糟糕。"（49页）

（Francesco Melzi）陪他移居法国，并一直陪伴到他去世。列奥纳多指定梅尔齐为自己的继承人。我们与列奥纳多的那些现代传记作家肯定不同，他们很自然就对列奥纳多与弟子们有性爱关系的可能性加以否定，认为这是对这位伟人毫无根据的侮辱；而我们则会认为列奥纳多与那些年轻人很有可能关系亲密，这在当时师生之间是习以为常的；他们与老师共同生活，却止乎礼。怎么说他都不会有真正意义上的性活动。

列奥纳多既是艺术家又是科学钻研者。对这种双重属性者的情感和性生活的独特点加以理解只有一种方式。对列奥纳多的传记作家而言，心理学探索常常是相当陌生。就我了解，只有索尔米一人对这个问题的解决做了探讨。虽然如此，还是有位名叫德米特里·赛尔格耶维奇·梅列日科夫斯基（Dmitry Sergeyevich Merezhkovsky）的作家将列奥纳多当作一部大型历史小说的主人公。这位不同凡响的人物却是他笔下人物的原型，他用确实不太直白的，但带着作家想象力的华而不实的语言，做出了类似的解读，并清楚表达了自己的想法。[1]索尔米给列奥纳多做出如下定论（1908）："然而，对周围世界欲壑难填的求知，以研精静虑、卓尔不凡的精神对完美世界至深奥秘的探究，使列奥纳多的作品永驻未竟之作的行列。"（46页）

《佛罗伦萨研讨会论文集》中有篇文章引用了列奥纳多一句掷地有声之言，这是他信念的表白与本质之所在："人若对事物本质没有彻底认识，便无权言说爱与恨。"[2]列奥纳多在另一篇有关绘画的论文中重复了这句话，对指责自己毫无宗教信仰的指控进行了辩驳："鸡蛋里挑骨头的评论家们最好闭嘴，因为这才是认识和爱戴创造神奇世界的造物主的方式。因为大爱迸发自对所爱的深知，寓于真理中。若知之甚少，那就只能爱之甚少或无爱可言……"[3]

列奥纳多这些话的价值，在它们给出的重要心理学事实中是找不到的。这是因为这些话所肯定显然虚假，而列奥纳多一定同我们的想法相一致。并

---

[1] 梅列日科夫斯基《列奥纳多·达·芬奇》（1902）是大型历史小说三部曲《基督和反基督》中的第二部。另外两部分别是《叛教者朱利安》和《彼得和阿列克塞》。
[2] 见博塔齐的著作（1910）193页。
[3] 见达·芬奇《论绘画》。

非在研究并熟悉了用情对象后,人类才会爱憎分明。相反,他们因动情而爱得冲动。动情与认识毫无关系,反思和考量顶多使之减弱。列奥纳多不过是想说,人类践行的爱并非那种适当的、无可非议的爱。爱的方式应该是,人能控制感情,能对爱进行反思;只有当爱经过思维的验证后,才可让爱自行其是。同时我们也明白,他想告诉我们这种情况出现在他自己身上,而且人人都值得像他那样去爱去恨。

他的情况真的向来如此。情感受到控制,服从于自己的研究本能;他无爱无恨,却在探讨爱恨的缘由和意义。因此,他必然一开始会对善恶美丑表现得不闻不问。在钻研过程中,爱和恨都摆脱了积极或消极的印记,变成学术旨趣。现实中,列奥纳多并非毫无激情,也不乏神圣火花,即人类一切活动背后直接或间接的动机(il primo motore)。他只是将激情变成求知渴望,然后依靠来自激情的执着、坚定和洞察力投身钻研,并使学术探讨达到巅峰。获得了认识后,他会将长期压抑的情感释放出来,任其自由奔放,宛若源于大河的溪流。在科学发现之巅,他可纵览事物间的联系,他会情不自禁,会用欣喜若狂的语言来赞美自己的研究中具有创造性的那份辉煌——用宗教语言来说,这就是造物主(Creator)的伟大。索尔米正确认识到列奥纳多身上的这种转变。他在引用列奥纳多称颂庄严的自然法则的一段文字("啊,神奇的必然性……")之后,写道(1910):"把自然科学转变为一种宗教情感,是列奥纳多手稿中的典型特征,例子不胜枚举。"(11页)

列奥纳多对知识的渴求真是难以满足,不知疲倦;他因此成了人们口中的意大利浮士德(Italian Faust)。然而,除了怀疑是否有可能改变研究本能,从而重新享受生活(我们一定要把这种转变当作浮士德悲剧之本),我们还要斗胆提出这么一种观点,即列奥纳多的发展与斯宾诺莎(Spinoza)的思维模式相接近。

与体力的转化一样,如果没有损耗,心理的本能力也许转化不成各种活动形式。列奥纳多的例子让我们明白,我们到底还有多少事情必须放在与这些过程的联系之中加以考量?有了充分认识再去爱,其结果就是认识替代了爱。但要说进入了认识王国的人会爱会恨,又是不恰当的,这种人超越了爱与恨,只是去认识人,而非去爱人。这或许就是与其他伟人、艺术家相比,列奥纳多的爱情生活更加贫乏的原因所在吧。别人可在其中享受到最丰富体验的那种可激励、可消沉的暴雨般的激情本性,似乎一点也没有感染到他。

更有甚者,钻研替代了行动和创作。对有着复杂性、规律性的浩瀚宇宙有点儿认识的人,很容易忘记自身的微不足道;迷失在无限崇拜、五体投地之中的人,也很容易忘记自己本是那些活力的一部分,忘记本可以根据自己实力的大小,对世界发展必然过程中的某个小部分做出改变。世界的微观之在并非比其宏观之在少了精彩和意义。

索尔米认为,列奥纳多的研究最初可能真的服务于艺术;[1] 为确保能够掌握对自然的模仿,他直接投身到对光线、色彩、阴影和透视的性质与规则的研究中去,并且为他人也指明了相同的方向。当时他可能高估了这些知识门类对艺术家的价值。绘画需求的不断引导,驱使着他去钻研艺术创作主题、动植物、人体比例,并且通过它们的外形来获得对其内部结构和生命机能的认识。这些机能确实有其外在表现,并有权要求在艺术中得到描绘。最终,这种难以抗拒的本能将他彻底裹挟,直至这种研究本能与他的艺术要求的联系遭到割裂。结果,他发现了力学的一般法则,推断出阿尔诺山谷(Arno valley)中岩石分层和化石作用的历史,最后他在自己的书中很抒情地写下了这一发现:"太阳不动。"(Il sole non si move)实际上他的研究已触及自然科学的每一领域,并在每个单独的学科中,他都成为一名发现者或者至少是位预言家和先驱者,[2] 求知欲总是将他引向外部世界,有些东西使他远离了对人类精神的钻研。他在"芬奇学院"(Academia Vinciana)为该院画了一些精妙的缠结符号,没有给心理学研究留下一席之地。

后来,他想从钻研回到自己的起点即艺术实践时,发现自己受到兴趣新导向的干扰,改变了自己心理活动的本性。首先,一幅画中到底有什么可引起他的兴趣,成了难题;随之而来的其他问题更是数不清,这就和从前他在没完没了、无穷无尽的自然研究中的情况一模一样。他已无力限制自己的认

---

1 索尔米(1910):"列奥纳多把自然研究当作画家准则……后来,当研究的热情占了上风,他就不再希望为艺术而求知,而是纯粹为了求知。"(8页)
2 见赫兹菲尔德撰写的传记中对列奥纳多科学成就的罗列(1906)。在《佛罗伦萨研讨会论文集》(1910)和其他一些地方也有类似记载。

知需求，无力以孤立的方式去看待艺术作品，更不能把艺术作品从他所理解的作品所处的广阔语境中区分开来。他想将自己脑海中的任何与作品相联系的东西都表现出来，却在费尽心思后被迫在作品未竟的状态下放弃了，或者干脆宣布作品尚未完工。

这位艺术家曾收用了这位钻研者来帮助自己完善绘画，现在这位仆人变得更强大，并压制了自己的老师。

在这幅由人的性格呈现的画面中，我们发现，仅仅一种本能就可发展成一种过度强势（excessive strength），就像列奥纳多的求知欲那样，我们努力用特殊的性格倾向（disposition）来加以解释，尽管有关它的那些决定因素（可能是器质性的），我们几乎不得而知。对神经症患者的精神分析研究让我们又假设了两个预期结果，它们在每一特定的个案中，都得到令人满意的验证。我们认为像这种过度强势的本能可能在受试者的童年早期就已活跃起来。童年生活的印象确立了这种本能的优势。让我们再进一步假设，过度强势的本能因原始性本能力量而得到强化。结果，后来它能替代受试者的部分性生活。这种类型的人会以充满激情的奉献精神来追求研究事业并以科学研究来替代爱情，而另一类型的人将这种激情献给了爱情。我们可以大胆推论，不仅在钻研本能的个案中存在性强化，同时在绝大多数有着特别强烈的本能个案中都存在性强化。

对人们日常生活的观察使我们明白，多数人把自己性本能力量中相当大的一部分，成功指向了自己的专业活动。性本能天生具有升华能力，所以特别适合做出这种奉献。就是说，它有能力以其他并非性方面的更高目标来替代自己的直接目标。我们接受这个已得到了证明的过程：一个人童年的历史即精神发展的历史表明，在他的童年里这种超强的本能是为性兴趣服务的。我们找到了进一步的证明，如果成熟的性生活出现了明显衰退，那一部分性活动就将由超强本能的活动所取代。

将这些预想运用于对研究具有超强本能的个案似乎特别难，因为大家真不愿意相信儿童具有这一重要本能或者任何值得注意的性兴趣。但是这些困难又是容易克服的。幼儿的好奇心在他们不知疲倦爱提问题的过程中显示出来；孩子们没完没了的提问是因为他们想以此来替代那个**没有**问出口的问题。如果成人不了解这是孩子迂回婉转的话语，就会大惑不解。孩子长大一点变得更懂事时，这种好奇的表现常常戛然而止。精神分析研究为我们提供了一个充分的说明，让我们明白可能大多数儿童，或者至少大多数有天赋的儿童，大约从3岁开始，就要经历一个所谓**幼儿性研究**（infantile sexual researches）时期。据我们所知，这一年龄阶段儿童的好奇心不会自发觉醒，而是由某些重要事件留下的印象如弟弟妹妹的出生或者基于客观经验之上的对这一事件的恐惧所唤起，这种事件使孩子明白自己的私利受到了威胁。孩子琢磨的是宝宝是从哪里来的问题，就好像在寻找针对不喜欢的事件进行抵制的方法和手段。我们因此惊讶地了解到，孩子们拒绝相信给他们的那些点滴信息，例如他们不相信富有神话意义的白鹳寓言。从这种怀疑行为起，他们开始了自己的理智独立，常常觉得与成人存在严重对立。其实他们后来也绝不原谅成人在这件事的真相上对他们的欺骗。他们按照自己的思路进行钻研，推测婴儿在母体中的存在，并根据自己性欲冲动的引导，得出婴儿来源于吃饭，再通过肠子生出来，而父亲在其中起着说不清的作用等理论。此时，他们已经有了性行为的概念，而性行为在他们看来是敌意的、凶暴的东西。可是因为他们自己的性结构尚未达到能够生育孩子的程度，他们对婴儿从哪里来的那种钻研难免一无所获，无解而终。理智独立后首次尝试的失败，似乎形成了一种长久、深刻而又沮丧的印象。[1]

幼儿性研究的这段时期因一波强劲的性压抑而告一段落时，研究本能有三种既截然不同又非常可能的变化类型，这都是由于研究方法与早期性兴趣有联系。第一种类型，研究和性欲命运相合；从此好奇心一直受到抑制，智力的自由活动可能在此人整个一生中都受到限制，尤其是此后不久宗教对思想有力的抑制受到教育的强化之后。这种类型具有神经性抑制（neurotic inhibition）特征。由此带来的智障非常易于引发神经症，我们对此一清二楚。第二种类型，理智发展强大足以抵抗性压抑的约束。幼儿性研究这个时

---

[1] 从研究我的《对一个五岁儿童的恐怖症的分析》（1909b）以及类似的观察结果看，这些听上去不太可能的断言，是可以得到证实的。在一篇关于"儿童性理论"（1908c）的论文中，我写道："然而，这种沉思和怀疑成了日后解决问题的学术研究的原型，首次失败对孩子的整个未来都具有损害力。"

期结束后，强大起来的理智时常会引起旧的联想，帮助规避性压抑。研究中受抑制的性活动以强迫性沉思（compulsive brooding）的形式，自然也是以被扭曲的和不自由的形式从潜意识中再现出来，然而性活动会用充足的力量给思维本身赋予性的特征，给理智的运作涂上本属于性过程本身的欢乐和焦虑的那层色彩。钻研在这里成为一种性活动，常常是非此不可的活动，而且，那种在心中提出问题并做出解释的感觉，替代了性满足；可是，在不断思考，在想找到答案这种非常渴望得到的智识感变得愈益渺茫的事实面前，孩子没完没了刨根问底的特征也是反反复复出现的。

由于性格倾向特殊，宝贵加完美的第三种类型避开了思想和神经强迫性思考的双重抑制。这里的确发生性压抑，但是不会把这些性欲望的构成本能转降到无意识之中。相反，力比多从一开始就升华为好奇心，依附于作为一种强化的研究的强势本能来规避遭受压抑的命运。在此，研究也在某种程度上成了强迫性性活动的替代物；但是，由于潜在的心理过程截然不同（升华而非来自无意识的阻止），神经症的特性没有出现；不存在对原始幼儿性研究活动情结的依附，本能可自由运作以服务于理智旨趣。虽然通过为本能添加了升华的力比多已使本能变得如此强大，性压抑依然在本能的视线范围内，因为它避免与性主题产生任何关系。

考虑到在列奥纳多身上超强的研究本能和性生活的衰退（仅限于所谓精神同性恋）并存，我们很愿意称他为第三种类型的典范。他本性的核心与奥秘显示，好奇心于幼年得到激活并服务于性兴趣后，他便成功地将大部分力比多升华为研究冲动。但要证明这个观点是对的，确实不易。要想证明这一点，我们就需要了解他童年早期心智发展的一些情况，而想从他那少得可怜且不真实的生活经历中得到这种材料，真是傻得出奇。更糟糕的是，有关情况信息不详，这一问题甚至在我们这个时期也没能引起专家的注意。

列奥纳多年轻时的情况，我们知之甚少。1452年，他出生在佛罗伦萨与恩波利（Empoli）之间的一个被叫作芬奇（Vinci）的小城，是个私生子。这在当时的社会也算不上是个大耻辱。他的父亲叫瑟·皮耶罗·达·芬奇，是公证员，出生于一个全家都是公证员和名人的家庭。他们以本地地名当作自己的姓氏。他的母亲叫什么卡特琳娜，好像是个农村姑娘，后来与芬奇这个地方的另一个人结婚了。这位母亲没有在列奥纳多生活的历史中再出现过，只有小说家梅列日科夫斯基相信他曾找到过母亲的一些踪迹。关于列奥纳多童年时代的唯一比较可靠的资料，来自1457年的一份官方文件。这份文件是佛罗伦萨征收土地税的登记簿，其中提到列奥纳多是芬奇家庭中的一员，是瑟·皮耶罗的5岁私生子。[1]瑟·皮耶罗与唐娜·阿尔贝拉结婚以后一直没有孩子，因此小列奥纳多就很有可能是放在他父亲家里养育的。一直到不知是几岁，他作为一名艺徒进入韦罗基奥的画室时，他都没有离开这个家。1472年，列奥纳多的名字已经出现在画家团体（Compagnia dei Pittori）的成员名单中了。就是这点情况了。

二

据我所知，列奥纳多的科学笔记本里，仅有一处记载了一段自己童年时的情况。这是一段描述秃鹫飞行的情形，他突然中断叙述，追忆起涌现在脑海里的一段早年记忆：

> 我似乎命中注定与秃鹫永远有这么深刻的关系；因为我想起了一件极早的往事。我还在摇篮里的时候，一只秃鹫向我飞来，用尾巴撞开了我的嘴巴，还多次撞击我的双唇。[2]

我们在此看到的是一段童年记忆，当然是非常奇特的记忆。因为其内容和标定的年龄都很奇特。一个人能够保持在哺乳期的记忆也不是没有可能吧，但无论如何不能看成是确定的。列奥纳多这段记忆里所说的秃鹫用尾巴撞开孩子小嘴的情形，听起来太不可能，太离奇了。因此，对这段记忆还有

---

[1] 见斯科尼亚米利奥的著作（1900）15页。
[2] 弗洛伊德在德文本中引用了赫兹菲尔德译自意大利原文的德译本内容。事实上，弗洛伊德的德文本里有两处不够准确，意大利语"nibio"应该是"鸢"，不是"秃鹫"；而且意大利语"dentro"在译文中漏掉了。这个遗漏，弗洛伊德自己在下文里做了修正。

05 达·芬奇的童年回忆

一种观点,可以一举解开两个疑难点,更有助于我们对该记忆的判断。依照这个观点,秃鹫的情形并不是列奥纳多记忆中的,而是他在日后形成并转置到童年时代的一个幻想。[1]

童年记忆常常以这样的方式起源。童年记忆与成年期有意识的记忆不同,不是针对当时正经历、后来可重复的某一时刻,而是在童年早已过去、年龄更大的阶段才得以诱发出来的。这些记忆在其受篡改、遭杜撰的过程中,听命于后来的态势,一般来说,无法与幻觉准确地区分出来。若与古代民族历史书写方式做个比较,其本质也许能得到最好的说明。只要民族弱小,它便根本不想记载自己的历史。人民在自己的土地上辛勤耕种,为了生存同邻国奋战,努力从人家那里夺取领土,获得财富。这是英雄的时代(age of heroes),而非史学家的时代。然后,另一个时代——反思的时代(age of reflection)——来到了,人民意识到自己要富强起来,要知道自己原来怎样,未来又如何发展。历史书写以对现在情况的不断记录开始,同时也要一瞥过去,收集传统和传奇,诠释在风俗习惯中幸存下来的古代踪迹,以此创造关于过往时代的历史。这种早期史必然是今人信仰和愿望的表现,绝非一幅关于往昔的真实画卷。因为许多事情从民族记忆中遗漏了,有些还遭到了扭曲,更有些过去的遗迹为适应今人的观念而遭到了错误诠释。此外,人们书写历史的动机并非客观的好奇心,而是期望以此来影响同时代的人们,鼓动并激励他们,或者在他们前面竖起一面镜子。人对成年期事件的

---

1 [1919年增注]对本书做出正面评价时,蔼理士(Havelock Ellis)就上述观点提出了异议(1910)。他不赞同列奥纳多的这段记忆可能有其真实性。因为儿童的记忆通常大大晚于一般估计;问题中的大鸟当然也就不一定是秃鹫。我愿意在这一点上做个让步。避繁就简,我提个建议:他的母亲看到了大鸟造访自己的孩子。在妈妈眼里,这事比较容易当作具有某种意义的预示,并在后来被反复讲给他听。我觉得,结果就是他所保持的记忆是母亲给他讲的故事,以后——就像经常发生的那样,他很可能把这个记忆当成了自己的直接经验。

无论如何,这一改动无损于我的全部说服力。一般说来,人们的确会将日后建构起来的有关童年时代的幻想,附加到通常会遭遗忘、真实而又琐碎的早期事件上。所以,凸显毫无意义的真实事件,像列奥纳多在回忆想象中的鸟儿即他所说的秃鹫及其怪异行为时说得那么有鼻子有眼儿,这背后必定有其原因。

有意记忆，每个方面都可与第一类历史书写，即当时事件的编年史相媲美。至于其起源和可靠性，童年记忆与民族最早期的历史是一致的。当然这种历史后来则是为了数不胜数的理由而撰写的。

那么，如果列奥纳多有关秃鹫在他摇篮时代就造访于他的记忆仅仅是后期形成的幻想，人们就会觉得在这上面花那么多时间很不值得。人们也许觉得顺着列奥纳多从未藏着掖着的本心（inclination）对此可以做出解释，他把自己对飞鸟的专注看作命中注定。可是对这一故事如果不当回事，也就会很不公正，好像很随意地否定了民族早期史中的那些传奇、传统和诠释。尽管难免存在曲解和误解，这一切仍然代表着过往的现实，是一个民族在曾经很强大、现今仍发挥作用的动机支配下，从早期经验中获得的一切。如果可能的话，只要对所有这些作用力有所认识，解构那些曲解，那么揭开传奇背后的历史事实并无困难。揭开人的童年记忆或幻想也是同理。个人对童年记忆的思考并非一件不值得重视的事，通常连本人都闹不明白的残存记忆，恰恰掩盖了作为心理发展中最重要特征的那些难以估价的证据。[1] 在精神分析技术中，我们现在拥有很优秀的方法，有助于我们把这种隐蔽材料揭露出

---

1 [1919年增注]我从写下上述文字时起，已试图对另一位天才人物的难以理解的童年记忆做了类似分析。歌德大约60岁时在《诗与真》中对自己的生活进行了描述。在头几页里是这样写的，在邻居的唆使下，他怎样开始把一些小陶器从窗户掷到街上，摔得粉碎，后来便掷大件。这的确是他所说的童年时代最早期生活中唯一的一幕。其内容全然不重要，与其他没成为伟人者的童年记忆方式也算相符，这一段回忆中也没提到在歌德本人3岁9个月时出生，又在他将近10岁时去世的弟弟。所有这一切都使我对这段童年记忆进行分析。（事实上，歌德在书的后半部分详细描述童年时的许多疾病时，提到了弟弟。）我希望能用与歌德讲述的上下文相一致的某种东西来取代它，这段讲述内容值得保留，也配得上歌德在自己的生活历史中所给予它的一席之地。简短的分析使得掷陶器可以理解成针对讨厌的入侵者的一种施魔行为；书中描写这一幕的地方反映出他的意图就是不能允许第二个儿子干扰歌德与母亲的亲密关系。如果最早期的童年记忆都如此这般在伪装中保存了下来，歌德的情况与列奥纳多的情况一样都与母亲有关，那么其中到底有什么东西可能会使人惊讶不已呢？[1919年的版本中，有一段写了"缺少对弟弟的任何记忆……"这一句改写成了"……很显然，一点也没提及有关弟弟的情况……"。1923年的版本用了前面的句子，句子结尾还加了括号。1923年，弗洛伊德在论述歌德的论文中，增加注释说明了这个情况（1917b），标准版，第17卷，第15页。]

来。因此，我们就可以通过分析列奥纳多童年时代的幻想，大胆填补他生活故事中的空白。如果这样做还不能满意我们所取得的确定性，我们就不得不用这样的思考来安慰自己了，关于这位伟大的、谜一样的人物的许多其他的研究同样没有遭遇到更好的命运。

如果我们以精神分析学家的眼光来审视列奥纳多关于秃鹫的幻想，这个幻想就不会长期令人生奇了。我们似乎记得在许多地方（如梦中）都曾遇见过同类事情。所以，我们可以大胆地从幻想自身的特殊语言出发，把它翻译成常人能理解的文字。这个翻译可以看作是指向一种情色内容。尾巴（cada）在意大利语中与在其他语言中基本相同，是男性性器官最为人熟知的象征和替代性的表述。[1]幻想中秃鹫用尾巴撞开孩子小嘴并用尾巴在里面强力地四处拍击的情形，与含阳（fellatio）行为即把阴茎放进性伴侣口中的性行为是相符的。很奇怪，这种幻想有其完全被动的特点，很像女人或被动的男同性恋者（指在同性性爱关系中扮演女人者）做的梦和幻想。

我希望读者能克制自己，别因为精神分析学首次应用到对一位伟大而又纯洁人物的记忆进行分析，就对它进行无法原谅的中伤、诽谤，让义愤填膺的冲动妨碍了您跟着精神分析学前行。显然这种愤慨绝不能告诉我们列奥纳多童年幻想的意义；同时，列奥纳多又用最明确的方式承认了这个幻想。我们不能放弃自己的期望，或者说得更贴切点儿，不能放弃我们的偏见，那就是这类幻想必定以其他一些心理创造（如一个梦、一种幻觉或谵妄）采用的相同方式，拥有了**某种**意义。那就先让我们公正地倾听片刻分析工作吧，它的确还没讲到最后呢！

把男人的性器官放进嘴里吮吸的爱好，在体面的社会看来是令人恶心的性变态，然而在如今的女人中却频频发生，而且像一尊古代雕像所表现的那

---

1 "鼠人"（标准版，第10卷，第311页）情况的"原始记录"。可以指出（假定这只鸟实际上就是"鸢"）鸢的分叉长尾巴是它的一个显著特征，在空中飞行时尾巴起着重要作用。并且毫无疑问，正是飞行中的这个尾巴被列奥纳多观察到了，并吸引了他的注意。弗洛伊德在这段文字中关于鸢尾巴象征意义的讨论，在《泰晤士报》（1956年7月7日）最近发表的一篇关于鸢的鸟类学描写中得到印证："有时尾巴在右侧（角）向水平面呈扇形展开。"

样，古已有之。做爱时，这一爱好完全失去了令人恶心的特征。医生们甚至发现，有些女人的性幻觉来自这一偏好。而这些女人甚至都不知道，阅读克拉夫特·艾宾（Richard von Krafft-Ebing）的《变态性心理》（*Psychopathia Sexualis*）或其他信息来源，可以得到这种方式的性满足。妇女们发现自发产生这种一厢情愿的幻想似乎并不难。[1]进一步钻研后我们知道，这种受道德严厉谴责的情况可追溯到某种最纯洁的起源。它仅仅是以不同的形式重复了一种我们都曾感到愉悦的情形，那就是我们还在接受哺乳的时候（"essendo io in culla"），将妈妈（或奶妈）的乳头含在嘴里吮吸。这一经验的器官印象，是我们生命中首个快乐源泉，无疑在我们心中留下了无法抹去的痕迹。在后来的日子里，孩子熟悉了与人的乳房功能相同的牛乳房，其形状以及腹部下方的位置使其很像阴茎，此时性认识的初级阶段就实现了，使人产生令人厌恶的性幻想。[2]

现在我们理解了为什么列奥纳多把自己假想的与秃鹫的经历认成是他哺乳期的记忆。幻想所掩盖的仅仅是在妈妈胸前吮吸乳头或者得到哺乳的回忆。像许多艺术家一样，他也拿起画笔描绘过在圣母、圣婴掩饰下的这一人间美景。的确，还有一点我们尚不明白，更不能忽视：这种对两性同等重要的回忆被列奥纳多这个男人转换成了被动的同性恋幻想。我们把同性恋和吮吸母乳有什么关系的问题暂搁一边，回想一下，事实上传统观点的确是把列奥纳多当作一个具有同性恋情感的人来加以表现的。因此无论针对年轻的列奥纳多的指责公正与否，它与我们的目的都不相干。决定我们将某人说成是性倒错者的，并非其实际行为，而是其情感态度。

接下来我们要谈的是关于列奥纳多童年幻想中另一个难以理解的特征。我们把这个幻想诠释为待母亲哺乳的幻想，并发现秃鹫替代了他的母亲。这只秃鹫从哪儿来的呢？又如何恰巧出现在那儿呢？

这时，冥冥中有个想法涌上心头，但它出自太过遥远的角落，以致差

---

[1] 这一点可比较一下我的《一例癔症分析的片段》一文（1905e），标准版，第7卷，第51页。

[2] 参见《对"小汉斯"的分析》，标准版，第10卷，第7页。

点让我搁置一旁。在古埃及象形文字中，秃鹫的形象代表着母亲。[1]埃及人还崇拜母亲神，她的形象中有颗秃鹫头，或者几颗头，但其中至少有一颗是秃鹫头。女神的名字读作玛特（Mut），与我们的单词"Mutter"（母亲）读音相似，难道这仅仅是一种巧合吗？那么，如果秃鹫和母亲之间真有某种联系，会对我们有什么帮助吗？难道我们知道首位读懂象形文字者是弗朗索瓦·商博良（François Champollion，1790—1832），就有权要求列奥纳多也了解这层联系？

探究古埃及人怎样将秃鹫选作母亲的象征，是非常有趣的。甚至对希腊和罗马人来说，埃及人现在的宗教和文明是科学好奇的对象。远在能读懂埃及古碑之前，我们已从现存古典作品中获得了一些驾驭得了的资料。其中有些作品出自知名作家之手，如斯特拉波（Strabo）、普鲁塔克（Plutarch）和阿米阿努斯·马塞林（Ammianus Marcellinus），另有一些著作是人们不熟悉的作家所著，其史料来源、写作时间都不确定。像赫拉波罗的《象形文字》和那本以赫尔墨斯（Hermes Trismegistus）神之名留传于世的关于东方教士的智慧书。我们从这些史料中了解到，秃鹫之所以被视为母亲象征是因为人们相信仅有雌性秃鹫存在，这一物种据说没有雄性。[2]在古代自然历史中，我们知道有单性繁殖的对应例子：埃及人崇拜圣甲虫，尊其为神，据说也只有雄性存在。[3]

如果所有的秃鹫都是雌性的，难免要猜它们是怎样受孕的。这一点在赫拉波罗的文中有着充分解释。[4]这些鸟儿在半空中停留一段时间，敞开阴

1　赫拉波罗（Horapollo）《象形文字》（*Hieroglyphica* 1，11）："为了表示母亲……他们画了一只秃鹫。"
2　伊利安（Aelianus）《论动物本质》（*De Natrua Animalium*）第2卷第46页："据说，并无雄性秃鹫，都是雌性的。"转引自冯·罗莫（Von Römer，1903，732）。
3　普鲁塔克："如其所信，只有雄圣甲虫，所以埃及人得出结论，没有发现雄性秃鹫。"此话其实是莱曼斯（Leemans）为赫拉波罗写的注释（1835），这里被弗洛伊德张冠李戴到普鲁塔克头上了。
4　赫拉波罗，《象形文字》，莱曼斯编（1835，第14页）："（他们用秃鹫的画像来表示）母亲，因为在这一种群中没有雄性。"似乎赫拉波罗文中的一段被错误地引用了，从上面正文内容看，我们在这里应该采用秃鹫由风受孕的神话。

道,受孕于风。

我们此时意外形成一种局面,我们刚刚还当作荒谬而加以拒绝的东西,现在看来却是非常可能的了。很有可能,列奥纳多熟悉这个科学寓言。就在这则寓言里,埃及人让秃鹫担当起母亲这一概念的形象代表。列奥纳多博览群书,通文达理,兴趣广泛。在《大西洋古抄本》中,我们发现了一份他在某段时间里拥有的全部书籍的目录[1],还有大量对从朋友那里借来的图书所做的阅读笔记。假如我们从里克特(J. P. Richter)摘录的列奥纳多笔记[2]来推断,他阅读范围之大怎么估计都不为过。除当时的书籍外,自然史的早期著作在他藏书中很突出,所有藏书当时都在版。米兰在意大利新印刷术方面其实是座领军城市。

在进一步的讨论中,我们偶然发现一条信息,可将列奥纳多知道秃鹫寓言的可能性变为确定性。编辑和评论赫拉波罗著作的这一位,学识非常广博,他就前面引用的原文做了如下笔记(莱曼斯,1835):"然而,教会长老们一下就接受了有关秃鹫的这一故事,为的是能够凭借从自然秩序中获取的证据,来批驳那些否认'童贞产子'的人。因此,他们几乎所有人都会说起这个话题。"

所以,单性秃鹫的寓言及其概念模式就像圣甲虫(scarabaeus beetle)一类传说一样,绝非小事一桩;教会长老们抓住这个对他们有利的博物学证据,来对抗那些对神圣历史心存怀疑的人。假如在最好的古代记载里都说秃鹫是受孕于风,那么为什么同样的事情不能发生在女人身上哪怕就一次呢?既然秃鹫寓言变成如此一说,"几乎所有"教会长老都会常挂嘴边,那么列奥纳多也知道这则众口传扬、备受青睐的寓言就很难置疑了。

现在我们可以重构列奥纳多的秃鹫幻想的起源。他曾在一位长老那里或者一本博物学书中,偶然了解到所有秃鹫都是雌鸟,无须雄性帮忙就能自行繁殖。此刻一段记忆跃入他的脑海,并被改造成我们讨论的这个幻想。然而,这个幻想却意指他本人也是这么一个秃鹫孩,只有母亲没有父亲。

---

1 明茨(1899)282页。

2 同上。

以如此美妙岁月的印象得以表达的这种唯一方式，使得这一点与自己的记忆联系了起来，这是他在母亲怀里时那份快乐的回音。教会长老们所说的也是艺术家都珍爱的圣母圣婴想法，必定是助长了这个幻想在他心中的价值和重要性。的确，他能够以这种方式将自己认同于一位童孩基督（child Christ）——安慰者和拯救者，而不仅仅属于这一位女人。

我们剖析一个童年幻想的目的，是要将其中的真实记忆与那些后来进行修饰和扭曲的动机区分开来。在列奥纳多案例中，相信我们现在已知道了幻想的真实内容：秃鹫替代母亲，这揭示出孩子意识到了自己缺少父亲，只和母亲为伴。列奥纳多是一个私生子的事实与他的秃鹫幻想是一致的，正是由于这一原因，他才把自己比作秃鹫孩（vulture-child）。我们所掌握的他童年时代的另一个可靠事实是，大约5岁时，他就已经被父亲的家庭接纳了。我们完全不知道那是在什么时候发生的，到底是他出生后的几个月里，还是在土地登记注册前的几周。在这里秃鹫幻想的解释是这样的：它似乎告诉我们，列奥纳多一生关键的最初几年不是在父亲和继母身边度过的，而是和他那贫穷的遭人抛弃的亲生母亲共度的，因此，他在一段时间里体验了缺少父亲的感受。这似乎是从我们精神分析的努力中得出的一个不够充分却很大胆的结论，其意义会随着我们继续深入研究而增加。考虑到列奥纳多童年时代的情况确实对他产生了一定作用，这个结论的肯定性就得以加强。史料告诉我们，在列奥纳多出生的那一年，父亲瑟·皮耶罗与出身很好的阿尔贝拉小姐结婚了，因为他们婚后一直没有孩子，所以他被他父亲的（确切地说是他祖母的）家庭收养了。就像文件证实的那样，那年他5岁，收养已经发生了。婚后不久便让仍期望自己有福气怀胎生子的年轻新娘来抚养一个私生子，这是很不常见的。他们一定经历了几年失望的生活，才决定收养这个长大后可能极具魅力的私生子。这个男孩对他们一心巴望却无合法子嗣的状况，也算是一种补偿。如果他是与单身母亲生活了三年五载后才有了父母双亲，那么这与秃鹫幻想的诠释便是最吻合的了。可这为时已晚。在生命的最初三四年里，某些印象已经固着，对外部世界的反应方式业已建立，反应方式的重要性永远不可能为后来的经验所抵消。

如果童年时代难以理喻的记忆和建立其上的幻想，真的都强调心理发展中的这些最重要要素，那么，秃鹫幻想证实的列奥纳多一生中的头几年是与生母共同度过的这一事实，必将对他的内心生活的塑造产生决定性影响。这种状况的必然结果是，这个在其早年生活中就比别人要多面对一个麻烦的孩子，开始带着特殊的感情焦急地思索这个谜。就这样，在幼小的年龄，他便成了研究者，受到婴儿从哪里来、父亲与婴儿的出生有什么关系等重大问题的折磨。这是一个很模糊的猜测，他的研究和他的童年历史就这样联系了起来，促使他后来声称，因为他还躺在摇篮里的时候，秃鹫就拜访过他，所以注定了他从一开始就要对鸟的飞翔问题进行探索。这样，在下文要说明他对鸟儿飞行的好奇心如何源于他童年时代关于性的研究，就完全不费劲了。

三

我们在列奥纳多童年幻想中拿出秃鹫这个因素来代表他记忆的真实内容，而这个幻想的来龙去脉有助于说明这个内容对他以后生活的重要性。在我们进行解释的过程中，我们遇到了一个奇怪的问题：为什么这个内容要重新置于同性恋的情境中呢？用乳汁哺育了孩子，或者更确切地说是让孩子在怀里吮吸乳汁的母亲幻化成了把尾巴放进孩子嘴里的秃鹫。我们已经断言，根据语言置换成替代物的通常方式，秃鹫的"尾巴"只能象征着男性生殖器——阴茎。然而我们不清楚想象活动是怎样成功地明确地赋予了象征着母亲的鸟男性的显著特征。这种荒唐观点使我们茫然不知如何才能还原出列奥纳多幻想中的这一创造，及其到底有何理性意义。

然而，我们也不必对此绝望，想想过去我们做了多少莫名其妙的怪梦，也都半途而废地放弃了对它们意义的琢磨。难道有理由说，童年记忆比梦更难解释？

别忘了，一个特性被单独发现时，是不能令人满意的。那让我们赶紧加上另一个更显著的特性吧。

根据罗舍尔词典中德雷克斯勒（Drexler）撰写的词条，长着秃鹫头的埃及女神玛特是一个没有任何个人特征的形象，她经常与另外一些拥有鲜明个人特征的女神，如专司生育的女神（Isis）及爱神（Hathor）融合在一起出现，与此同时她又保持着自己独有的存在和崇拜。埃及众神的独有特征是单个的神并不在融合（syncretization）中消失。个别的神在与其他神融合中继续独立存在。现在，埃及人描绘这个长着秃鹫头的女神时，通常给她带上一个男性生殖器[1]，她的身体是女人，这从乳房可以看出，但是还有一个勃起的男性生殖器。

在女神玛特身上，我们发现了列奥纳多的秃鹫幻想中女性和男性特征的同样融合。我们能否假设列奥纳多读了一些书后了解到雌秃鹫的雌雄同体性，并以此来解释这种巧合呢？这种可能性是很有问题的，显然他所接触到的资料并不包含这一惊人特征。这一巧合应追溯到在两个案例中都起作用但我们尚不清楚的某个共同因素，这才似乎更有道理些。

神话能够告诉我们，男女性征结合的雌雄同体结构，不仅是玛特的一个属性，也是其他神如生育神和爱神们的属性，虽然这些只可能是就它们也有母性并能与玛特融合到一起来说的（罗莫，1903）。神话又进一步告诉我们另一些埃及神，比如最后衍生出希腊雅典娜的那个赛斯的奈特神（Neith of Sais），当初也是被人想象为雌雄同体，即双性人。还有许多这样的**希腊神**，尤其是那些与狄俄尼索斯（Dionysus）相联系的神，而且阿佛洛狄忒（Aphrodite）也是如此，她后来仅限于充当女性爱神角色。神话也可能提供解释：把男性生殖器加在女性身上是企图表达最原始的自然创造力，而且所有这些雌雄同体的神都是这样一种思想的表达：只有男性和女性要素的结合，神的完美才能得到一个有价值的体现。然而，这些思考中没有一个解释得了那个令人迷惑的心理事实，即人类想象力毫不犹豫地为一个欲体现母亲本质的形象，加上了与母性的一切恰恰相反的男性能力的标志。

婴儿性理论给我们提供了这样的解释。曾几何时，男性生殖器并不被认为与母亲形象相矛盾。一个男孩首次把好奇心转向性生活之谜时，他就受到自己对生殖器兴趣的支配。他发现自己身上的那个部分真是太有价值、太重要了，简直无法相信那些他觉得与自己非常相似的人身上竟会缺了那个部

---

1 见兰佐恩（Lanzone）的插图（1882，图版CXXXⅥ—CXXXⅧ）。

分。因为他猜不到还有另一种与此同等重要的生殖器结构，他被迫得出一种假设：所有人，男的女的都拥有一个像他那样的阴茎。这种先入之见牢固地植根于这位幼小钻研者的心中，甚至当他第一次观察到小女孩的生殖器时，也未打破这一偏见。他总觉得自己身上真有某种东西有别于此，然而还是不能向自己承认，自己感觉的内容其实就是：女孩子身上是找不到阴茎的。他觉得阴茎失踪真是难以忍受的离奇想法。所以他试图以如下结论做个妥协：小女孩也有阴茎，只是还很小，将来会长大的。[1]如果在以后的观察中这个期望没能变成现实，他还有另一种补救方法：小女孩也有一个阴茎，可是被割掉了，在它的那个地方留下了一道伤口。这一理论发展已利用到令人痛苦的个人经验了。同时，一定有人吓过这个男孩说如果对那个器官兴趣太明显，他所宝贝的这个东西就会被拽掉。在这种阉割恐吓的影响下，他现在通过新的视角来审视自己获得的有关女性生殖器的见解。从今以后，他会因自己的雄性之身而焦虑，同时又会蔑视那些不幸的生灵，因为正像他推测的那样，严厉的惩罚已经降临到她们身上。[2]

孩子还没有受阉割情结支配之前，也就是说还认为女人与男人平起平坐时，他就开始表现出极强的窥视欲，这是一种性本能活动。他想看别人的生殖器，最初全部的可能性在于把它们与自己的做个比较。来自母亲的性吸引不久会在对她的本以为是个阴茎的性器官的渴望中达到顶点。直到后来他才发现女人没有阴茎，这种渴望就常常转向了对立面，让位于厌恶感了。在青

---

[1] 请比较《精神分析学和精神病理学研究年鉴》中的观察（弗洛伊德1909年《对"小汉斯"的分析》，标准版，第10卷，第11页。还可参见荣格1910年的著作及1919年的增注）。并可参见《国际精神分析医疗杂志》和《意象》中的意见（关于儿童的一章）。

[2] [1919年增注]我觉得这一结论是不可避免的，在此我们还可以找到反犹太主义的一个根源。这真是一种元力，在西方国家都可以看到如此无理性的表现。包皮环割术在潜意识里等同于阉割。如果我们胆子再大一点，将推测带回到人类的原始阶段，我们就能推测出，包皮环割术的设计原来是一种更温和的对阉割的替代。[有关这一点的深入探讨可在《对"小汉斯"的分析》的注释中找到（1919b），标准版，第10卷，第36页；在《摩西与一神教》（1939a）的第三章第一部分的第四节中也可以找到。]

春期的这种厌恶感可以变成神经衰弱、厌恶女人和长期同性恋的一个原因。然而，他的强烈欲望却固着在女人阴茎这一对象上了，在孩子的心理生活中打下了无法抹去的烙印，他会特别彻底地深究那一部分的幼儿性研究。对女人的恋足癖和恋鞋癖表明，他把脚当作自己曾经尊崇过、后来又失踪了的女人阴茎的替代性象征；在对此不知情的情况下，"喜欢剪女人毛发的性变态者"（coupeurs de nattes）就扮演了阉割女性生殖器的行为者的角色。

只要坚持人类文明中贬低生殖器和性功能的态度，人就无法获得对儿童性欲活动的准确认识，或许还会找个借口声称这里所说的一切都不可信。我们需要来自原始时期的类比，以理解儿童的心理生活。经历了一代又一代的漫长岁月，我们把生殖器看成是"pudenda（尤指女性外阴，来自拉丁语）"，即令人羞耻的东西，甚至（作为进一步成功的性压抑结果）使人厌恶的东西。如果有人对我们这个时代的性生活，尤其是那些代表人类文明阶层的性生活进行广泛调查，那一定会按捺不住地想说，活在当下的大部分人都是极不情愿地服从着繁衍后代的天条。他们觉得作为人的尊严在这个过程中遭到了折磨和贬低。在我们中间还能找到的另外一种性生活观，只存在于没文化的社会底层。在高雅的上层社会，这种观点遭到遮蔽。因为它被认为是文化低俗的表现，只敢在道德崩盘的情况下才敢冒险去做。人类原始时期的情形全然不同。文明研究者的辛勤编撰为我们提供了很有说服力的证据，生殖器本是生命的骄傲和希望，它受尊为神，向新近习得的人类活动传播着自身功能的神性。作为它们基本特性升华的结果，无数个神因而冒了出来。当官方的宗教和性活动间的联系从大众意识中隐去时，秘密邪教付出了很大努力，把这种联系在那些初学者中继续保持下去。在文化发展的过程中，许多神圣的东西最终都从性欲中萃取出来，筋疲力尽的残余物却落入一片蔑视之中。按照所有不可磨灭者均为精神痕迹的说法，我们肯定不会吃惊，可以证明即使最原始的生殖器形战舰都能一直沿用到离我们很近的时代，并且在如今人类语言、习俗和迷信中都残存了这个发展过程中每个阶段的残余物。[1]

---

[1] 参见奈特（Knight）的著作（1768）。

生物学中令人印象深刻的类比，使我们发现个体心理发展以缩略形式重蹈了人类发展过程。对儿童心灵的精神分析研究所得出的关于幼儿生殖器具有很高价值的结论，不会因此让我们觉得不可能。孩子心想母亲有阴茎，这就成了诸如埃及的玛特和列奥纳多童年幻想中秃鹫"尾巴"（coda）之类的雌雄同体女神的共同来源。其实只是由于误解，我们才会用双性人这个词的医学本意来描绘这些神。他们当中没有一个有着雌雄生殖器的真正结合，如果有的话，那是令所有旁观者厌恶的某些畸变形状。这些形状都是将男性生殖器附加到乳房之上，正像儿童一涉及母亲身体首先想到的那样，乳房是母亲的标志。母亲身体的这种形式，是原始幻想中令人尊崇的创造物，在神话中为信徒们保存了下来。关于突出列奥纳多幻想中秃鹫尾巴这一点，我们现在可以给出如下解释："那段时间，我那可爱的好奇心直接指向母亲，我仍然相信她有着像我的一样的生殖器。"这是列奥纳多早期性研究的最明显特征，我们认为这对他以后整个人生都产生了决定性影响。

此刻稍加思考就能清楚，我们还不应该满足于列奥纳多童年幻想中秃鹫尾巴的那种解释方式。其中似乎还包含着更多我们未能理解的东西。其显著特征毕竟是把在母亲怀里吸奶变成了接受母亲哺乳，也就是说，变成了被动形式，因此也就进入了一种其本质无疑是同性恋的境界。想到列奥纳多毕生都像个情感上的同性恋者那样所言所行有其历史可能时，我们便会面临这样一个问题：这个幻想能否揭示列奥纳多与母亲的关系，在他童年与他后来表现出来的（要不就说是他理想中的）同性恋之间，存在着一种因果关联？如果我们没有从对同性恋患者的精神分析研究中了解到确实存在这种联系，而且事实上是一种紧密的必要联系，就不应该贸然地从列奥纳多遭扭曲的记忆中做出这种联系的推论。

在我们这个时代，同性恋的男人们强烈反对强加在他们性行为上的法律限制，愿意通过他们的理论代言人，将自己说成从一开始就是一种独特的性物种，一个中间性阶段，是"第三性"。他们宣称自己都是天生为器官这一决定物所迫，一定要在男人而非女人身上才能获得快乐的人。无论多么希望以人性为由赞同他们的主张，我们都必须对他们的理论有所保留，因为这些理论的提出均未考虑到同性恋的精神发生。精神分析为填补这一空白，为检验同性恋者的主张提供了手段。虽然这种分析只在少数人的情况中取得过成功,但所进行的研究目前都产生了同样惊人的结果。[1]我们所有男性同性恋者的情况中,在童年早期都对一个女人,通常是母亲,拥有一种非常强烈的性爱依恋(erotic attachment),尽管后来这种依恋遭到遗忘。这种依恋在童年时期得到母亲大爱的唤起或鼓励,又进一步得到父亲的虽小却也是爱的强化。萨德格尔强调说,同性恋者的母亲其实往往是男性化的女人,她们具有精力充沛的性格特质,能够将父亲从其应有位置赶走。我偶然也见到过类似的事情。但是另一种情况给我的印象更深刻:父亲从一开始就缺席,或者很早就已离开,以致男孩完全处在女性的影响之下。的确,一位强壮父亲的存在能够保证儿子在对象选择上,做出正确决定。[2]

经过这一初期阶段,转化过程开始了,其机制我们了解,但动力尚不清楚。孩子对母亲的爱不能任其在意识中继续发展,因而屈服于压抑。孩子压抑了自己对母亲的爱。他把自己放在她的位置上,与她认同。他以自己为模特儿,根据其外表来选择新的爱慕对象。就这样他成了一名同性恋者。实际上,他的所作所为只是悄悄溜回到自恋而已,待他长大成人以后,他现在爱的男孩们正是他自己儿童时代的替代性形象的复活。他用小时候母亲爱他的方式来爱这些孩子。正如我们所言,他沿着**自恋**(narcissism)的途径找到所爱对象。在希腊传说中,那喀索斯(Narcissus)是一位宁愿爱自己的倒影也

---

[1] 我尤其要提到萨德格尔(I. Sadger)的研究,我的经验也大抵证实了他的研究。我还知道维也纳的威廉·斯铁克尔(Wilhelm Stekel)和布达佩斯的萨德·费伦齐(Sándor Ferenczi)也获得了同样的结果。

[2] [1919年增注]精神分析研究提供了两个无可置疑的事实,在理解同性恋的同时无须假设精神分析研究详尽地讨论了这种性变态的原因。第一个事实是前面提过的对母亲的性需要(erotic needs)的固着(fixation);另一个事实则包含在如下叙述中:每个人甚至最正常的人也可能进行同性恋对象的选择,有时他在生活中这样做了,或在潜意识中仍保持着这种选择,或用强力的相反态度抵御了它。这两个发现否定了把同性恋者视作"第三性"的主张,否定了原来信以为真的先天同性恋与后天同性恋之间的重要区别。(由真雌雄同体性决定其量的)异性体征的出现,非常有助于同性恋的对象选择,但并不是决定性的。必须遗憾地说明,那些在科学的领域里替同性恋者申辩的人,在已经建立的精神分析学发现中了解不到任何内容。

不爱其他任何东西的青年，后来他变成了以他名字命名的可爱的水仙花。[1]

更深层次的心理学思考证实，通过这种方式成为同性恋者的男人，在潜意识中一直固恋着自己母亲的这种潜记忆形象（mnemic image）。他通过压抑把对母亲的爱保留在潜意识中并从此对她忠贞不贰。他看似追求男孩，要成为他们的情人，但其实是在逃避其他女人，唯恐她们会让自己对母亲不忠。通过对个体案例的直接观察，我们也能看到那种对男人魅力十分敏感的人，实际上就像一个正常男人会被女人所吸引一样。每一次他都迅速把从女人那里得到的刺激转移到一个男性对象上，就这样他一再重复着这个机制，就此养成了同性恋倾向。

我们远非硬要夸大同性恋的精神发生这类解释的重要性。显然，它们与为同性恋者进行申辩的人士所提出的正式理论是截然不同的。但是我们知道，它们的综合性尚未充分到可以对可能出现的问题做出结论性说明。由于实际的原因，所谓的同性恋或许是由各种各样的性心理抑制过程引起的，我们从众多过程中特别提出的这一个，也许只与一种类型的"同性恋"有关。需要大量我们说的这种同性恋案例，才可能找到我们所要的那些形成因素。我们必须承认：在同性恋类型中，有可能指出我们所需要的那些决定因素的案例数量，远远超过那些实际发生推断效果的案例数量。因此，我们不能否认未知素质的因素所起的作用，整体的同性恋现象通常可溯源至这些未知素质的因素。如果没有十分确定秃鹫幻想就是我们的出发点，而列奥纳多就是这种类型的同性恋者，那我们就没有任何理由去考虑我们所研究的这种形式的同性恋的精神发生问题。[2]

对这位伟大艺术家和科学家性行为的详情，我们所知甚少，但可以确信

---

[1] 弗洛伊德第一次发表对自恋的参考意见仅仅是在撰写本文前的几个月，见《性学三论》（1905）第2版（1910，增释）。他在1909年11月10日维也纳精神分析学会议上提及这一概念。完整论述见《论自恋：导论》（1914）。

[2] 同性恋及其起源的更全面讨论见《性学三论》（1905d）第一论，特别值得注意的是1910—1920年间的增注（《标准版》，7，第144—147页）。后来这一课题的其他一些讨论内容中，可能提到了"一个女同性恋者的心理起源"（1920）和"忌妒、偏执狂和同性恋的某些神经官能症机制"（1922）。

他同时代人的判断大概不会有重大错误。根据世代因袭的传说，他是一个性需要和性活动减退得异常厉害的人，仿佛一种更高的抱负使他超越了人类普遍的动物性需要。他是否寻求过直接的性满足也是值得怀疑的。如果有过，那又是何种方式的呢？或者说，他是否根本不需要呢？我们无论如何也要在他身上找一找那种驱使其他男人急需进行性行为的情绪冲动。我们无法想象，力比多（广义的性欲）竟然在人的精神生活的形成中无一席之地，哪怕是欲望大大偏离了自己的原定目标，或者克制了自己的实施。

我们只想在列奥纳多案例中找到性倾向原型的**蛛丝马迹**。然而种种说法都对准了一个方向，并让他成了人们眼中的同性恋者。他们总是强调他只招收十分英俊的男孩或青年作学生。对待他们，他热情有加，关怀备至；生病时，就像母亲对待孩子，像他自己的母亲照顾他本人那样，亲自照顾他们。由于选人重貌不重才，所以一帮弟子竟无一人能成大器。他们都无法自立门户。一俟老师归天，个个如鸟兽散，何谈留名艺术史？反倒有些完全因自己的作品而有资格称为列奥纳多弟子的人，他本人很有可能都不认识。

我们明白，一定会有反对意见，认为列奥纳多对待弟子的行为与他的性动机毫无关系，不能因此得出他有特殊性倾向的结论。对此，我们谨慎地提出，我们的观点解释了这位艺术家的某些行为特征，否则它们永远都是个谜。列奥纳多有写笔记的习惯，手虽小却完全手书，而且左右手都行。这意味着笔记是留给自己看的。值得注意的是，笔记中他以第二人称来指代自己。"跟卢卡老师学画根。""让阿巴克老师教教怎么才能完成不可能的事。"[1] 或者在旅途中："我要去米兰办点事，跟我的花园有关……带两件行李。关于车床的事请教伯特拉菲，并请他磨块宝石。把这本书给安德烈·伊尔·托德斯柯（Andrea il Todesco）老师留下。"[2] 或者在做一个非常艰难的决定时："你必须在自己的论文中阐明地球是一颗星，就像月亮或某

---

[1] 参见索尔米的著作（1908）。

[2] 参见索尔米的著作（1908）。在这里列奥纳多的行为很像习惯于每天向另一个人进行忏悔的人，并用笔记作替身。关于这人是谁的推测，参见梅列日科夫斯基（1903）367页。

些类似的东西，这样就证明了我们这个世界的崇高。"[1]

顺便说一下，像其他普通人的笔记一样，他也常常对当日大事三言两语就带过了，或者干脆不提。列奥纳多的传记作家都曾提到过某些奇怪的账目，记的是艺术家花费的一笔笔数目很小的钱，相当精细，就像迂腐又吝啬的家长记的。此外，没见有大笔花钱的记录，也没有证据表明他很精通记账。其中有笔账与他给弟子安德烈亚（Andrea Salaino）买新斗篷有关：[2]

银丝锦缎	15里拉 4索尔多
镶边用的深红丝绒	9里拉 4索尔多
穗带	9里拉 9索尔多
纽扣	9里拉 12索尔多

另一则非常详细的笔记是他为另一个品行不端、偷窃成癖的弟子[3]付出的全部开销："1490年4月21日，我开始撰写此书并重塑马的雕像。[4] 1490年的抹大拉的圣玛利亚瞻礼日上，杰克莫到我这儿来，他只有10岁。"（边注："偷窃、虚伪、自私、贪婪。"）"第二天我请人给他剪裁出两件衬衣、一条裤子和一件夹克。我将钱放在一边准备为这些东西付款时，他从我的钱包里将钱偷走了，虽然我完全可以肯定是他干的，但他永远都不可能承认。"（边注："4里拉……"）对孩子不端行为的报告这样絮烦，并以开销账单结束："第一年，1件斗篷，2里拉；6件衬衣，4里拉；3件夹克，6里拉；4双长筒袜，7里拉；等等。"[5]

列奥纳多的传记作家们只是想从传主的小弱点和怪癖出发，来解答他的精神生活中的问题。他们对这些奇怪账目通常都有看法，重点不外是艺术家对自己的弟子热情有加，关怀备至。但他们忘了应该解释的不是列奥纳多的

---

1 参见赫兹菲尔德的著作（1906）141页。
2 这一段出自梅列日科夫斯基（1903）282页。
3 也许是位模特儿。
4 为弗朗西斯科·斯弗尔兹创作骑马塑像。
5 整篇可见赫兹菲尔德（1906）45页。

行为，而是他留下了这些行为证据这一事实。我们不相信他的动机可能是要让他自己人性本善的证据落入我们手中，所以必须设想还有一个动机存在，一个感情的动机导致他写下了这些笔记。很难猜出这是种什么动机，若非发现列奥纳多文件中还有一笔关于弟子们的衣物等账目，我们真的就说不清道不明了。这笔账生动说明了那些稀奇琐碎的笔记的意义：

卡特琳娜死后的葬礼	27弗洛林
2磅蜡	18弗洛林
运输和立十字架	12弗洛林
灵车	4弗洛林
抬棺人	8弗洛林
4个神父和4个办事员	20弗洛林
敲钟	2弗洛林
掘墓人	16弗洛林
许可证——给官方的	1弗洛林
小计	**108弗洛林**
先前的花费	
付给医生	4弗洛林
糖和蜡烛	12弗洛林
小计	**16弗洛林**
总计	**124弗洛林**[1]

1　梅列日科夫斯基（1903）372页。有关列奥纳多私生活的信息非常少，而且还不确切。就这种令人沮丧的情况我可以说一件事。这个账目也被索尔米引用过（1908）104页，但他做了大改动。最大的改动是用"索尔多"代替了"弗洛林"。可以想见这个"弗洛林"不是旧时的"金弗洛林"，而是后来使用的货币单位，相当于1又2/3里拉或者33又1/3索尔多。索尔米把卡特琳娜当作有时帮列奥纳多料理家务的用人。[弗洛伊德在不同版本的著作中也不同程度地对数字做过更改。灵车的费用在1910年是"12"，1919年和1923年是"19"，1925年后是"4"。1925年以前，运输和立十字架的费用是"4"。]

唯有小说家梅列日科夫斯基能够告诉我们卡特琳娜是谁。他根据列奥纳多另外两段简短的笔记[1]做出推断，她是列奥纳多的母亲，是芬奇地方一位贫穷的农村妇女，1493年到米兰来看儿子，当年41岁；在米兰，她病了，被列奥纳多送进了医院；后来死了，列奥纳多为她举行了这一场破费的葬礼。

这位心理小说家的这个解释虽然无法得到证实，但是很多内在可能性与我们从其他方面了解到的列奥纳多的所有情感活动是一致的，所以我不得不承认他的解释是正确的。他成功地将自己的感情置于研究的枷锁之下，并抑制它们的自由表达。但即使对他而言，也有一些受到压抑的感情偶尔也会强烈地表达出来。他深爱的母亲去世就是其中之一。上面账目中的葬礼费用就是一次虽遭扭曲难以辨认的对亡母哀思的表达。我们不清楚这种扭曲是如何发生的，如果把它看作正常的精神过程，我们确实无法理解。但是我们很清楚神经症的异常状态中，特别是大家知道的"强迫性神经症"（obsessional neurosis）中，存在着这种相似的精神过程。在此我们可以看到强烈的感情表现通过压抑变成潜意识，转移到琐碎甚至愚蠢的行动中去。这些压抑感情的表达，因其对立力量的存在而被降低到了人们只好对其强度形成一个微不足道的评估的程度。但是，执行这一琐碎表达行为的强制性，违背了冲动的真正力量——一种植根于潜意识同时也是意识想否认的力量。只有将此与强迫性神经症的情况进行比较，才能解释列奥纳多为母亲葬礼开销的账单是怎么回事。潜意识中，他与母亲仍然因一条带有性色彩的感情纽带连接在一起，就像在童年时代那样。来自后来的对童年时代的爱的压抑不允许他在笔记中为母亲建立起一座不同的更有价值的纪念碑。但是，神经质冲突的妥协中所出现的一切，必须得到执行。这样，账目就记入笔记，变成后人难以理解的东西。

我们把从葬礼账目中了解的情况类推到为弟子们的消费账单上，似乎并不为过。这些都是列奥纳多力比多冲动的点滴残余以强制方式和扭曲形式寻求表达的又一实例。按照这种观点，他的母亲和弟子以及与他本人英俊外貌

---

[1] "卡特琳娜于1493年7月16日到达米兰。""美得惊人的乔万妮娜到医院看望了卡特琳娜，并询问了一些事情。"

的相像者，都成了他的性对象。性压抑在他天性中占有重要一席，我们因此才得以对之做出描述。而他费尽心机细数花在他们身上的账目，这种奇怪的方式出卖了他的基本矛盾。这一点显示出列奥纳多的性爱生活确实属于同性恋类型，我们已经成功揭示了这种类型的人的精神发展。我们因此不难理解他的秃鹫幻想中出现的同性恋情境：因为它的意义完全就是我们对那种类型的人早已做出的判断。我们因此应该给这种行为做出如下诠释："正是通过与我母亲的这种性爱关系，我成了一名同性恋者。"[1]

四

列奥纳多的秃鹫幻想，我们还没有处理完。列奥纳多用了太直白的话让人想起对性行为的描述（它用尾巴反复撞击我的双唇），这些话强调了母子间性爱关系的强度。将他母亲（秃鹫）的活动与口部的突起联系起来，我们不难猜到还有第二个记忆包含在这一幻想之中。可做如此演绎："我母亲无数次地热烈地亲吻我的嘴。"这一幻想是由母亲哺乳和母亲亲吻的记忆混合而成的。

质朴的性格使得艺术家能够通过作品创作来表达最隐秘的心理冲动，这些冲动甚至对他本人来说也是隐而不露的。这些作品强烈地影响着对艺术家完全陌生的人们，这些人自己意识不到情感的来源。难道在列奥纳多一生的作品中没有一件能够证明他记忆中保持的正是自己童年时期最强烈的印象吗？人们当然想在他的作品里找到什么。但是，考虑到只有通过深刻转变，艺术家生活中的印象才能对艺术作品有所作用，人们一定会相当谦逊地宣称自己的推理是有把握的；列奥纳多的情况尤其如此。

只要想起列奥纳多的油画，人们都会想到一个非凡的微笑，一个立即令人沉醉又迷惑的微笑。作者凭想象将这一微笑画在笔下女性形象的嘴上。这

---

[1] 列奥纳多受压抑的力比多在这些表达方式，即围绕金钱的这些关注和旁证中得到表露。这些表达方式都是肛欲时期形成的性格特征，见我的《性格与肛欲》（1908b）。

一永恒微笑挂在细长弯曲的双唇上，成了作者风格的标志，美其名曰"列奥纳多式的"。[1]佛罗伦萨人蒙娜丽莎·德·吉奥孔多那张奇妙的美丽脸蛋，让观看者体验到最强烈而又困惑的效果。这种微笑需要诠释，也确实有着各种各样的诠释，却没一个能令人满意。"差不多四百年来，蒙娜丽莎让那些久久凝望她的人们谈论着她，迷失其中。"[2]

穆特尔（Muther，1909，1，314）写道："对观众特别有魅力的是这微笑的神奇魔力，成百上千的诗人和作家描绘过这位女人，说她刚刚还那么富有诱惑力地对我们微笑，现在她又冷冰冰地无魂似的凝视着空间。没有一人能解开这谜样的微笑，没有一人能解读她思想的意义。每件东西，甚至风景，都神秘如梦境一般，似乎都在一种淫荡的肉欲中震颤。"

蒙娜丽莎的微笑结合了两种不同要素，这一想法给一些批评家留下深刻印象。他们因此发现支配着女性性爱生活的节制与诱惑、最忠诚的温柔与最贪求的肉欲间，有着种种将男人当作异己分子加以消耗的矛盾，在这个美丽的佛罗伦萨人的表情中得到了最完美的体现。下面是明茨（1899）417页的观点："我们知道，蒙娜丽莎·吉奥孔多在近四百年时间里对簇拥在她面前的赞美者们来说，一直是个令人不解的诱人之谜。没有一位艺术家（借笔名为皮埃尔·德·科雷这位敏感作家之言）曾经如此完美地表达过女人的本质：柔情与妩媚、端庄与神秘的感官欢愉、孤傲的心与沉思的脑、克制与仅流露快乐情绪的个性。"意大利作家安杰洛·孔蒂（Angelo Conti，1910）93页在卢浮宫里看到一束阳光照射下这幅画更加充满生机时说："这位夫人端庄沉静莞尔一笑，征服的本能，残暴的本能，这一物种的全部遗传，诱惑与诱捕的决心，欺骗的魅力，杀机暗藏的仁慈，所有这些都在笑着的面纱背后时隐时现，并深藏在她微笑的诗韵之中。善与邪，凶残与同情，优雅与狡猾，她笑着……"

---

1 [1919年增注]在此，艺术鉴赏家会想起古希腊雕像中，如爱吉娜（Aegina）雕像的不变的独特微笑；也许还会在列奥纳多的老师韦罗基奥的画中发现某些相似的东西，所以在接受后来的争论时会有些疑虑。
2 这句话是格吕耶（Gruyer）说的，引自冯·塞德雷斯（1909）第2卷第280页。

列奥纳多在这幅画上花了四年时间，或许是从1503到1507年，正是他在佛罗伦萨居住的第二个时期。当时，他已经50多岁了。根据瓦萨里的说法，他使用了精心设计的方式使夫人能愉快地坐着，脸上保持着那个著名的微笑。他在画布上重现的所有微妙细节，在现在这幅画中已荡然无存了。还在绘制时，该画就被认为达到了艺术的最高成就。然而可以肯定，列奥纳多自己并不满意。他没有将画交给委托人，说这幅画尚未完成，而后就随身带往了法国。在那里，保护人弗朗西斯一世从他那儿获得了这幅画并把它送进了卢浮宫。

让我们先放下蒙娜丽莎尚未得到解答的面部表情之谜，来注意一个无法辩驳的事实。和以后四百年间所有看画人一样，她的微笑对艺术家也展示了强大魅力。从那时起，这个迷人微笑便反复出现在他所有的以及他学生的画中。由于列奥纳多的《蒙娜丽莎》是一幅肖像画，我们就不能设想他由于自己的原因而在蒙娜丽莎的脸上加上一个富于表现的特征，一个并非她自己具有的特征。因此，似乎难免会得出这样的结论：他在模特儿的脸上发现了这个微笑，并被深深地迷住了，便在他的幻想中对这种微笑进行了自由创作。例如，康斯坦丁诺娃（Konstantinowa）就提出过这个并非牵强附会的解释（1907，44）：

> 艺术家为蒙娜丽莎·德·吉奥孔多创作肖像画，费了很长一段时间。期间，他怀着同情感观察了这位夫人面部特征的微妙细节，并把这些特征，尤其是神秘的微笑和奇怪的凝视迁移到后来他所有的绘画或素描中的脸孔上了。吉奥孔多特殊的面部表情还可见于卢浮宫中《施洗者约翰》的画里，尤其在《圣母子与圣安妮》[1]中玛利亚的脸上更是清晰可辨。

这种情况还可以另一种方式发生。不止一位列奥纳多的传记作家感到有寻找吉奥孔多微笑的魅力背后更深层原因的必要，因为这微笑的魅力使艺术

---

[1] 这幅画在德文中叫《圣安妮和另外两个人》，下文会涉及这幅画。

家如此心动，以至于他一生都无法摆脱。沃尔特·佩特（Walter Pater）在蒙娜丽莎的画像中看到了一种"神采……一种表现了千百年来男人们向往着的富有表情的神采"（1783）。他非常敏感的笔下的"那种深不可测的微笑，总是略带着某种邪恶，出现在了列奥纳多的所有作品中"。他对下面这段话进行申明时，也就将我们引向了另一条线索（出自上述引文）：

> 除此以外，这是一幅肖像画。我们明白这个形象从列奥纳多童年时代起就在梦的内容中得以明确了。若非清晰的历史证实，我们很可能将这一形象想象成这是他理想的夫人，最后在这幅画中具体可见……

玛利亚·赫兹菲尔德（Marie Herzfeld，1906）与沃尔特·佩特无疑有些所见相同。她声称列奥纳多在蒙娜丽莎中找到了自我，所以他才能把自己的诸多天性融入肖像之中，"在列奥纳多心中，画的特点全在于神秘的移情"。（88页）

让我们尝试着澄清这里的这些见解。很可能是列奥纳多被蒙娜丽莎的微笑迷住了，因为这个微笑唤醒了他心中长久以来沉睡的东西，很可能是往昔的记忆，这个记忆一经再现，就不可能再遗忘。因为这对他来说具有特别的重要性，他不断地给它注入新的表现力。佩特充满信心地宣称，我们从列奥纳多童年时代就可以看到，像蒙娜丽莎那样的脸在他梦中就已经轮廓清晰了，这似乎很令人信服，并能成为可靠的依据。

瓦萨里提出，"笑着的女人头"[1]形成了列奥纳多艺术工作的第一批主题。因为这段话并非想要证明什么，因此是毋庸置疑的，也完全符合朔恩（Schorn）的诠释（1843，3，6）："他年轻时，用泥塑造了一些后来又用石膏加以复制的笑着的女人头像，和一些仿佛出自老师之手的孩子头像一样漂亮……"

我们就这样了解了他凭着塑造两类对象开始的艺术生涯，这使我们不能不想起从列奥纳多的秃鹫幻想的分析中推断出来的两类性对象。如果漂亮

---

[1] 引自斯科尼亚米利奥的著作（1900，32）。

孩子的头是他本人童年时代的再现，那么微笑的女人就是他母亲卡特琳娜的副本。我们开始猜想他母亲可能拥有这种神秘微笑——这种他曾遗忘了的微笑，他在佛罗伦萨夫人脸上重新发现这一微笑时，给深深迷住了。[1]

  列奥纳多的油画中在绘画时间上与《蒙娜丽莎》最接近的是那幅称为《圣安妮和另外两个人》的画，即《圣母子与圣安妮》。画中最美的是列奥纳多式的微笑，并且很清晰地画在两个女人的脸上。想弄清楚列奥纳多是在画《蒙娜丽莎》之前还是之后开始画这幅画的，已绝非可能了。因为这两幅作品的创作都历经数年，我想或许可以认为艺术家是同时创作这两幅画的。如果列奥纳多的身心被蒙娜丽莎的特征强烈地占据了，就会激励他从幻想中创造出圣安妮这个形象，那就与我们的预期结果很一致了。因为，如果吉奥孔多的微笑唤起了他脑海中对母亲的记忆，那就容易理解这个微笑怎样使他立即去进行创造，以表示对母亲的赞美，促使他把在贵妇人脸上看到的微笑还原到母亲的脸上。因此我们透过蒙娜丽莎的肖像，把我们的兴趣倾注到另一幅画上，它的美毫不逊色，现在也悬挂在卢浮宫里。

  圣安妮和她的女儿、外孙是意大利绘画中极少表现的主题。列奥纳多的处理不同于其他所有已知的形式。穆特尔写道（1909，1，309）：

  有些艺术家，像汉斯·弗莱斯（Hans Fries）、老荷尔拜因（Holbein）和吉罗拉莫（Girolamo dai Libri），他们让安妮坐在玛利亚身旁，把孩子放在她俩中间。另外一些艺术家，像雅各布（Jakob Cornelisz）在柏林的画中描绘的那样，真正画出了《圣安妮和另外两个人》。[2]换言之，他们把圣安妮画成抱着形象稍小的玛利亚，形象更小的小耶稣坐在玛利亚的身上。在列奥纳多的画里，玛利亚坐在母亲的腿上，身体前倾，两臂伸向男孩。这孩子正在玩一只小羊羔，对它似乎有点不和善。外祖母坐着，一条胳膊露在外面，面带极乐的微笑凝视着

---

1 梅列日科夫斯基做出了同样的设想，然而他所想象的列奥纳多的童年历史，与我们从秃鹫幻想中得出的结论，在关键之处有所不同。如果这微笑是列奥纳多自己的微笑，传说是不会不告诉我们这种巧合的。
2 在画中圣安妮是最突出的人物。

另外两个人。当然这个组合是受着某种限制的。虽然这两个女人唇际间的微笑与《蒙娜丽莎》画像上的微笑别无二致,却没了离奇和神秘的特性,它所表达的是内在的感情和静谧的幸福。[1]

我们对这幅画研究了一段时间后就豁然开朗了,只有列奥纳多能画出这幅画,就好像只有他才创作出秃鹫幻想一样。这画是对他童年时代历史的综合,要考虑到列奥纳多生活中个人的印象,才能理解画的细节。他发现,在父亲的家里不仅善良的继母唐娜·阿尔贝拉,而且祖母,即父亲的母亲蒙娜·露西亚(Monna Lucia)也像常人家的祖母(我们这样假设)那样温柔地对待他。这些情况很可能使他想到要创作一幅画,来表现在母亲和祖母照料下的童年生活。这幅画的另一个显著特征有着更大的意义。玛利亚的母亲、孩子的外祖母圣安妮一定是一位主妇,在画中她应该塑造得比圣母玛利亚更成熟、更严肃一些,却塑造成一位风韵犹存的年轻女子。事实上,列奥纳多给了男孩两位母亲,一位向他张开双臂,另一位在背景中,并赋予二人慈母般快乐的幸福微笑。这种独特性使得评论这幅画的人们都感到吃惊;例如,穆特尔认为列奥纳多横不下心来画一幅满脸皱纹的老年人。由于这一原因,圣安妮就画成了光彩照人的美女。然而我们是否满足于这一解释呢?另一些人却否认母女间在年龄上的相似。[2] 但是,穆特尔努力做出的这一解释足以证明,把圣安妮画得明显年轻,这一印象就来自画面本身,而非其他外在目的。

列奥纳多的童年时代与画中情景有着惊人的相似。他有两位母亲:第一位是生母卡特琳娜,列奥纳多3至5岁时被迫离开了她;然后就是年轻、温柔的继母,父亲的妻子唐娜·阿尔贝拉。把他童年时的这件事与上面提到的那个情况(他的母亲和外祖母的存在)[3]结合起来,然后压缩成一个整体,

---

[1] 康斯坦丁诺娃(1907):"玛利亚内心充满感情,垂下目光注视着自己的宝贝,脸上的微笑使人想起吉奥孔多的神秘表情。"在另一段文字里,她又说起玛利亚:"吉奥孔多的微笑显现在她的特征中。"

[2] 参见冯·塞德利兹的著作(1909)第2卷第274页。

[3] 括号里的话是1923年增加的。

《圣安妮和另外两个人》的构思就成形了。离男孩较远的母性人物即祖母，不仅在外形上，还在与男孩的特殊关系上，与他的生母卡特琳娜相对应。艺术家似乎在用圣安妮的幸福微笑否认和掩盖着这位不幸女人感受到的妒忌，一种被迫放弃自己的儿子，拱手相让给出身高贵的对手时的妒忌，就像她曾放弃了孩子的父亲一样。[1]

---

1 [1919年增注]如果想把画中的圣安妮和玛利亚从形象上分开，并画出每个人的轮廓不是很容易。人们会说，她们彼此融为一体，就像严重压缩的梦中人物一样。因此，在某些地方很难说清圣安妮止于何处，玛利亚又始于何处？但在批评家眼中（1919年版本中是："在艺术家眼中"），这是个错误，是构图缺陷，而用分析家的眼光看来，按其内隐意义这又证明是对的。对艺术家来说他童年时代的两位母亲似乎融为一体。

[1923年增注]让人特别感兴趣的是将卢浮宫中的《圣安妮和另外两个人》与著名的伦敦草图进行比较，同一素材用于不同构图。在此，两位母亲更加紧密地融合在一起，各自的轮廓更难分辨。所以，批评家们虽然没想做出什么诠释，却也不得不说："好像两个头长在了同一个身体上。"权威们大多一致认为伦敦草图是早些时候的作品，他们估计草图创作的时间是在列奥纳多住在米兰的第一个时期（1500之前）。相反，阿道夫·罗森伯格（Adolf Rosenberg）把草图看作是同一主题的虽晚却更加成功的构图（1898）；随后，安东·斯普林格（Anton Springer）认为其创作时间甚至晚于《蒙娜丽莎》。假如草图肯定是早些时候的作品，那就完全符合我们的观点了。反向推理一旦成立，便不难想象卢浮宫中的画是怎样由草图产生的了。如果把草图的构图作为我们的起点，那就能看出列奥纳多感到多么需要解开两个女人如梦般的融合——这种融合非常符合他的童年记忆，并在空间上将两人的头颅区分开来。情况的发生是这样的：他把玛利亚的头和上半身从两位母亲的整体中分离出来，并且使上身下弯。为了使这一移位合乎情理，小耶稣不得不从她的腿上下到地上。这样就没有地方画小圣约翰了，干脆就用羊羔代替了。

[1919年增注]奥斯卡·普菲斯特（Oskar Pfister）对卢浮宫里的这幅画有一大发现。就算不愿意毫无保留地加以接受，这一发现也有着不可否认的吸引力。在玛利亚处理得很奇怪也显得相当凌乱的衣褶中，他发现了秃鹫轮廓，并将此诠释为潜意识的拼图画谜："在表现艺术家母亲的秃鹫画中，母性象征是绝对清晰可见的。""长长的蓝布裹在前方女人的臀部上，并顺着大腿和右膝延伸下去，人们因此可见秃鹫那个极具特征的头部，其颈部和锐曲线处是鸟身的开始。赏画者中只要是接触到我的这一小小发现的人，几乎都不否定这一拼图画谜的证据。"（普菲斯特，1913）我敢肯定，读者此刻一定会毫无怨言地去认真查看附图，看看自己是否能发现普菲斯特所说的秃鹫轮廓。这块蓝布的边缘标出了拼图画谜的外廓，在衣服皱褶的深色部分的衬托下，（见下页）

我们在列奥纳多的另一幅作品中因此找到了对我们猜想的证明，即蒙娜丽莎·德·吉奥孔多的微笑唤醒了长大成人后的列奥纳多童年早期对母亲的记忆。从那时起，意大利绘画中的夫人和贵族太太们就被刻画成卑微地低着头，脸上挂着卡特琳娜那种奇怪而又幸福的微笑。这位可怜的农村姑娘将自己杰出的儿子带到人世，命中注定了他要从事绘画、做研究和受苦受难。

如果列奥纳多成功地在蒙娜丽莎脸上再现这一微笑包含的双重意义，即许以无限温柔的同时存在阴险的威胁（引用佩特语），也就在此真实保持了自己早年记忆的内容。因为母亲的温柔对他来说至关重要，决定了他将要面临的命运和困苦。秃鹫幻想中强烈的爱抚，只不过是太自然了。这位遭到遗弃的可怜母亲以其对孩子的爱，来宣泄自己对曾享有过的爱抚的所有记忆，并渴望新的爱抚；她被迫这样做不仅是为了弥补自己没有丈夫的痛苦，也是为了弥补孩子得不到父爱的痛苦。所以像所有不满意的母亲那样，她用小小的儿子来替代自己的丈夫，使他的性爱过早成熟，也因此剥夺了他的一部分阳刚之气。哺育、照顾婴儿这样的母爱，远大于后来对成长中孩子的爱。完美的亲子之爱是那么自然，不仅能实现所有的精神愿望，也满足着一切肉体需要；如果母爱代表着可以企及的人类幸福的某种形式，很大程度上应该归功于这样的爱可以满足充满希望的冲动而不遭受指责。这些冲动长期遭受压抑，一定会成为所谓的性变态。[1] 在幸福美满的新婚小夫妻中，做父亲的会意识到孩子特别是男孩会成为自己的对手，这是深植于潜意识中的爱人之争的开始。

人到中年，列奥纳多再次见到那种幸福和令人着迷的微笑，回想起母

（接上页）以其浅灰色凸显在这幅复制图中。普菲斯特继续说："然而，重要的是这幅拼图画谜一直延伸到哪里？如果我们顺着衣布一路看去，在背景的衬托下显得很突出的就是拼图画谜。我们注意到了，从翅膀的中间开始，一部分下垂到女人的脚上；而另一部分向上延伸，分别搭在她和孩子的肩膀上，前面部分多多少少代表了秃鹫的翅膀和尾巴，很自然的样子；后面部分可能是尖尖的肚子，尤其是当我们注意到像羽毛轮廓一样的放射状线条时，鸟尾巴是展开的，最右端正像列奥纳多命中注定有的童年梦幻一样，伸向孩子的也就是列奥纳多本人的嘴巴。"作者十分详尽地继续对这一诠释做出考量，讨论由此产生的难题。

[1] 参见我的《性学三论》（1905d）。

亲抚爱他时唇间曾经洋溢着的这般微笑,他已压抑很久了。这种压抑再次制止了他对女人唇间的这般抚爱的欲求。但是成为画家后,他就努力用画笔重现这一微笑,在所有的画中要么亲自要么指导学生来表现这一微笑,把它画在了《丽达》《施洗者约翰》和《酒神巴库斯》等画中。最后两幅画是同一类型的变种。穆特尔说(1909):"列奥纳多把《圣经》中的贪食者变成了巴库斯,一个嘴角带着神秘微笑,交叉着光滑双腿的年轻阿波罗,用令感官陶醉的双目注视着我们。"这些画中弥漫着一种神秘气氛,人们刺探这种秘密,顶多就是将它们与列奥纳多的早期作品联系起来。这些形象仍然是雌雄同体,但已不再具有秃鹫幻想的意义。她们都是体态秀美、娇柔万般的漂亮姑娘;她们没有低垂双眼,而是在神秘的喜悦之中凝望着,仿佛知道了一件幸福的伟大成就,却又必须缄口不言。这个熟悉的迷人微笑,令人不禁猜测那是一个爱的秘密。在这些形象中,列奥纳多很可能通过表现自己孩提时代因迷恋母亲而产生的,并在男女天性的幸福结合中得以实现的种种愿望,来否定并在艺术中战胜自己性爱生活中的不幸。

五

列奥纳多的笔记本里有条笔记引起了读者注意,那是由于这段记录的重要性和一个小小的形式错误。

1504年7月,他写道:

> 1504年7月9日星期三7时,我的父亲,波特斯塔宫的公证员瑟·皮耶罗·达·芬奇于7时去世,享年80岁,有10子2女。[1]

我们看到这段笔记写的是他父亲的去世。形式上的小错误是死亡时间的重复,"7时"写了两遍,好像列奥纳多在句尾忘了在句首已写过了,这只是一个小细节,任何一位不是精神分析学家的人都不会重视到,甚至注意不

---

[1] 这段话原文用的是意大利文。明茨后来(1899)在注释中用英文进行了翻译。

到。即使注意到了，也可能会说在那个"分心"或者情感体验强烈的时刻，任何人都会犯同样的错误，那没什么深刻意义。

而精神分析学家想的则完全不同，在他们看来没有什么会小到无法彰显隐匿的精神过程。他们一贯认为"遗忘"或"重复"等情况有着重大意义。恰恰是这种"分心"（distraction），使得隐藏很深的冲动显露了出来。

应该说，这段笔记像卡特琳娜葬礼的账目和弟子们开销的账目一样，说明列奥纳多没能压抑住自己的情感，某些长期遭到压抑的情况形成了扭曲的表现。甚至形式也是相似的：同样有着学究般的精确，以及对数字的强调。[1]

我们称这种重复为持续言语（perseveration）。这是表现感情色彩的极好方式。举例来说，可以回忆一下圣彼得（St. Peter）在但丁的《神曲·天堂篇》中为反对他那在人间的毫无价值的代表人物而进行的长篇激烈演说：

> 在地上，那个篡夺了我的座位的，
> 我的座位，我的座位在上帝的
> 儿子的眼睛里还空着呢。
> 他使我的埋葬之地成为污血的沟、垃圾的堆。[2]

列奥纳多要是没有抑制感情，日记中的这段记录可能会这样写："今日7时，我父亲瑟·皮耶罗·达·芬奇去世了，我可怜的父亲！"但是，在他做的这份死亡报告中，持续言语转到了父亲死亡的时间这一最不重要的细节上，这就剥夺了记录中的全部情感色彩，我们再来看看这里掩盖着的和受到压制的东西吧。

瑟·皮耶罗·达·芬奇是公证员而且是几代公证员的后裔，他精力充沛，获得了很受尊敬也很有钱的地位。他结了四次婚。前两位妻子都没生孩子就死了，只是到了第三位妻子，在1476年，才给他生了第一个合法的儿

---

[1] 列奥纳多在笔记中没将父亲的年龄写成77岁，而是写成了80岁，我在此暂且先不谈他的这个大错误。

[2] 但丁《神曲》，王维克译本。——中译者

子,那时列奥纳多已经24岁,距离他把父亲的房子改成他老师韦罗基奥的工作室,也已有很长时间了。他父亲娶第四位也是最后一任妻子时,已经50多岁,这位妻子为他生了九儿两女。[1]

列奥纳多的父亲在他性心理的发展中无疑也起到了很大作用,这个作用不仅反映在孩子童年初期父亲缺席这一消极因素上,也反映在童年生活的后面阶段父亲在场这一直接因素上。没有一个孩子不希望母亲把自己放在父亲的地位上,并在想象中把自己等同于父亲,在以后的生活中把胜过父亲当成自己的任务。当不到5岁的列奥纳多被接到祖父家时,年轻的继母阿尔贝拉必然取代了那个与他感情密切的生母的地位,他一定发现自己处在与父亲竞争这一所谓的正常关系中。我们知道,同性恋倾向的确认通常发生在青春期那几年。列奥纳多做出了这一确认后,虽然与父亲的认同对他的性生活已毫无意义,但是这种认同作用继续存在于其他非性爱活动领域。我们听说他喜欢华丽精美的服装,拥有仆人和马匹。但是,瓦萨里却说:"他几乎什么都没有,也很少工作。"这些嗜好不能简单归因于他的美感,我们认为这其中同时也有着强迫模仿和想要胜过父亲等因素。在可怜的农村姑娘眼中,他父亲就是一位了不起的绅士,儿子因此也一直受到鼓励要当一位了不起的绅士,要"胜过希律王"[2],好让自己父亲看看了不起的绅士到底什么样。

具有创造力的艺术家对自己作品的感觉,无疑就像父亲对孩子的感觉。列奥纳多与父亲的认同,对他的画作有着一种命中注定般的影响作用。他创作了这些画,然后就不管不顾,完全像父亲对他不管不顾一样。虽然父亲后来又关心他了,但并没改变这种强迫作用的意义,因为这种强迫源自童年早期印象,日后经验无法修正遭到压抑并一直存在于潜意识中的那一切。

文艺复兴甚至更晚些的时期里,艺术家们都要依附于达官贵人的资助和保护,以便接到业务委托,艺术家的命运就掌握在他们手中。列奥纳多找到了人称"摩尔人"的斯福尔扎做自己的保护人。斯福尔扎雄心勃勃,喜爱豪

---

[1] 列奥纳多在他日记的这一段又犯了一个明显错误,数错了自己兄弟姐妹的人数,与这一段值得注意的精确性形成了鲜明的对照。

[2] 原版中,最后这几个词是英文。

华气派，外交上异常精明，但性格怪僻不可信赖。列奥纳多在斯福尔扎的米兰宫廷里为他效劳，创造力得到了无拘无束的发展。这是列奥纳多一生最辉煌的时期，《最后的晚餐》和斯福尔扎的骑马塑像足以证明。在斯福尔扎遭受劫难以前，他就离开了米兰，后来斯福尔扎死在法国地牢中。列奥纳多听到保护人死亡的消息后在笔记里写道："公爵失掉了爵位、财产和自由，从事的事业没有一件完成。"[1] 他指责保护人的这句话正是后人对他的指责，这显然并非毫无意义。他想让父辈中的某个人为他自己的未竟作品承担责任。事实上，他说公爵的那些话还真的没错。

如果说模仿父亲对他的艺术家事业有害无益，那么早在童年时期他就反抗父亲，这就决定了他在科学研究领域能获得同样杰出的成就。梅列日科夫斯基（1903）打了一个令人钦佩的比喻：列奥纳多像一位在黑夜中醒得太早的人，此时别人还都呼呼大睡着呢！他勇敢做出了一个大胆断言，而且所有独立研究都证实这一断言是正确的：**"有不同意见时就诉诸权威的人，是凭记忆而非理性工作。"**（348页）[2] 列奥纳多成了首位现代自然科学家，也成了希腊时代以来首位只通过观察判断来探索自然秘密的人，他的胆量使他搞出了大量发明和启发性思想。他教导人们必须轻视权威，教导人们抛弃对"古人"的模仿，不断坚持自然研究是一切真理的源泉。其实在人所能达到的最高升华中，他只是重复了自己还是个孩子用好奇的目光凝望这个世界时，就已遭强加的一个观点。如果我们把科学抽象重新回译成具体的个人经验，我们看到的是"古人"和权威只是在与他父亲呼应，大自然则再次变成哺育他成长的温柔、慈善的母亲。而其他人则古往今来别无二致，几乎都强烈需要某种权威的扶持，一旦权威遇险，他们的世界就开始土崩瓦解。唯有列奥纳多可以不需要这种扶持；假如在生命的最初期没学会在父亲缺场的情况下生活，他就做不到这一点。正因为有了这样一个先决条件，才有他后来大胆独立的科学研究，童年的性探讨没受到父亲的压抑而存在着，后来就成了完全排斥性成分的各种研究的继续。

---

[1] 冯·塞德雷斯（1909）第2卷第270页引用过这段话。
[2] 索尔米（1910）13页引用过这句话。

如果一个人能像列奥纳多一样在童年的最早期[1]就逃脱了父亲的恫吓，并在自己的研究中摆脱权威束缚，那么我们发现他依旧是虔诚的信徒，而且终究摆脱不了宗教的束缚，这就与我们的期待截然相反了。精神分析学使我们熟悉了父亲情结和对上帝的信仰之间的那种紧密联系，让我们明白从心理的角度来说，个人的上帝不是他人，正是高高在上的父亲。这门学问每天都向我们证明，父亲权威一旦崩溃，年轻人便失去了宗教信仰。我们因此认为，宗教必须扎根于父母情结。万能公正的上帝，仁慈的大自然，在我们看来都是父母的崇高升华，或者说是幼儿心中父母概念的唤起和恢复。从生物学的观点来讲，宗教应溯源到孩子长期的无助和对帮助的需求。他在今后生活的某一时间里认识到，在生活的种种强大势力面前自己真的是多么弱小和毫无指望。此时，他感到自己的情形与童年时期一样，并以自己婴儿期的种种保护势力的回归和复兴来竭力否认自己的沮丧。宗教赐予信徒的对精神疾病的预防，是很容易得到解释的：个人和人类的罪疚感都源于父母情结，宗教转移了这一情结并解决了罪疚感，而非教徒的人们必须自己解决这个问题。[2]

列奥纳多的实例表明关于宗教信仰的这一观点没有错。他还活着的时候，就有人指控他不信或背叛（当时是一回事）基督教。这些在瓦萨里为他撰写的第一本传记中有明确记载（明茨，1899）。瓦萨里在他的《生活》第2版（1568）中删去了这方面论述。鉴于那个时代宗教问题极为敏感，我们完全能够理解为什么列奥纳多甚至在笔记本上也不直接表明他对基督教的态度。研究中，他绝不容许自己被《圣经》中的创世描写引向哪怕是最微小的歧途。举例来说，他对宇宙洪荒的可能性表示怀疑，他对地质学上的成千上万年进行了计算，与现代人相比真是毫不含糊啊！

在他的"预言"中，有些事情肯定会触痛基督信徒的敏感神经。举例来说，《论面对圣徒肖像进行祈祷》：

人们面对那些毫无知觉、有眼无珠的人像念念有词；跟他们说话却

---

1 "最早期"是作者1925年增加的。
2 最后这句是1919年增加的，这一点，在弗洛伊德1910年致纽伦堡会议的信中提到了，又见于《群体心理学与自我的分析》（1921c）的最后一章。

无回应；向他们祈福却充耳不闻；真是给瞎子点灯白费蜡。（赫兹菲尔德，1906，292页）

或者，《论耶稣受难日的悼念》：

在欧洲的每个地方，无数人们会为死在东方的一位单身汉而悲伤哭泣。（同上，297页）

对列奥纳多的艺术观我们已经有过描述。他去除了神圣形象与教会间残存的那些联系，并赋予他们人性，通过他们将人类伟大而美好的情感表现出来。穆特尔称赞他克服了当时盛行的颓废情绪，恢复了人的感官快乐和享受生活的权利。在那些彰显列奥纳多是多么倾心于大自然奥秘的研究笔记中，总有些段落会表现他对造物主，对一切奥秘的最终源泉的赞美；但是没有什么话语表明他愿意与这一神圣力量维系任何个人关系。他晚年的一些深刻睿智的见解流露出他乐于服从自然法则，而且毫不指望能从上帝的宽厚和恩典中解脱出来。毋庸置疑，列奥纳多战胜了既教条又个人的宗教，通过自己的研究摆脱了基督信徒观察世界的立场。

前面说到我们对儿童精神生活发展所取得的那些研究成果，使我们想到列奥纳多在童年时期最初的探索中，也涉及了性欲问题。的确，通过将自己的研究冲动与秃鹫幻想联系起来，通过挑出鸟儿飞翔问题作为自己注定要关注的问题（这是一系列特殊情况带来的结果），他欲盖弥彰的伪装泄露了这一情况。他笔记中有一段十分含混的记述写的是鸟儿飞翔，似乎就是一种预言，极好地表达了感情色彩很浓的兴趣。正是这种兴趣，使他坚持自己的愿望，要成功地亲自模仿鸟儿飞行艺术："大鸟的第一次飞行将从大天鹅的背上开始；它会使整个世界为之震惊，使所有的文章给它赞誉，为自己的诞生地带来永恒的辉煌。"[1]他很有可能希望自己有一天能够飞翔，我们从能实

---

[1] 见赫兹菲尔德的著作（1906）32页："大天鹅"似乎是指佛罗伦萨附近的一座叫奇奇里的小山（这座山以天鹅常在此聚集而得名）。

现愿望的梦里了解到巨大的幸福来自愿望的实现。

然而，为什么许多人都会梦到自己能够飞翔呢？精神分析学是这样回答的：飞翔或者成为一只鸟，只是对另一种希望的乔装打扮，这比梦见一座桥的单词抑或实物，都更能使我们认识到那到底是什么。我们想到人们常告诉爱提问的孩子，婴儿是由像鹳那样的大鸟带来的；我们发现古人表现男性生殖器时往往都带有翅膀；我们得知男性的性活动在德语中最通常的表述是vögeln（Vogel是德语中的鸟）；在意大利语中男性器官实际上被称为l'uccello（鸟）。所有这些都只是有联系的思想整体中的小碎片，从这些思想中我们了解到，梦中期望能够飞翔只能理解为渴望具有性行为能力。[1]这是一种早期的婴儿愿望。成年人回忆起自己的童年时，会感到那是一段幸福时光，那时他尽情欢乐，不用操心未来；正因为这样，他非常羡慕孩子们。但如果孩子们能亲自告诉我们一些早期的信息，也许就是一个不同的故事。童年似乎不是幸福快乐的诗歌，只是我们在回忆中将它歪曲了。恰恰相反，经过几年童年生活，孩子们受到希望长大的愿望驱使，要行大人之事。这一愿望是他们一切游戏的动机。只要孩子们在其性研究过程中感到，在这个如此神秘重大的领域内，有些事神奇莫测却只能是成年人的，成年人对他们讳莫如深，更别提让**他们**亲力亲为了。他们因此满怀跃跃欲试的强烈愿望，并在梦中产生飞翔形式。或者，他们准备在今后的飞梦里再展这一经过伪装的愿望。我们今天最终实现的航空，同样有着婴儿性欲方面的根源。

列奥纳多承认，自童年时代起他就以个人特殊的方式潜心于飞行问题，他因此证实了自己的童年研究针对的是性问题；这正是我们想到的对我们时代的儿童进行研究所应得到的结果。这几乎是一个与压抑无关的问题，但恰恰是压抑使他后来变得性冷淡。从童年起直到智力完全成熟，在意义上稍有变化的同一主题始终让他兴趣盎然。他渴求的技能在最初的性欲感觉中得不到，在机械感觉方面很可能也得不到，因此在这两方面的欲求都一直受挫。

的确，伟大的列奥纳多终生都不止在一个方面像个儿童；据说一切伟

---

[1] [1919年增注]这一记述依据波尔·费德恩（Paul Federn）和毛利·伍尔德（Mourly Vold, 1912）两人的研究，后者是一位挪威科学家，从未接触过精神分析学。

人物都必然保持着幼儿的某些天性。甚至成年以后他还继续玩游戏，这便是他为什么使当时的人们感到难以理解，以及显得古怪的又一原因。只有我们对他为宫廷节日及盛大宴会制造极为精致的机械玩具感到不满，因为我们不想看到艺术家把精力用于这样的琐事。他自己却好像很乐于这样支配时间，因为瓦萨里告诉我们，没人委托他这么干时，他也会制造类似的玩意儿："在那里（指罗马），他弄到一块软蜡，用它做了非常精巧的空心动物；吹气后会飞起来，跑气了就掉下来。贝尔韦代雷的一位葡萄酒农发现了一只很特别的蜥蜴，列奥纳多就从其他蜥蜴身上取下外皮给它做了一对翅膀，里面注入水银，这样当它爬行时，翅膀就会震颤着动起来。接着，他又做了眼睛、触须和头角，放在盒子里用来吓唬朋友。"[1] 如此心灵手巧的作品，常常用来表达严肃的思想。"他经常细心清洗羊肠，把它弄得非常干净，可以握在手心里。有时把这些羊肠拿到一间大屋子里，在隔壁房间里，用两只铁匠用的鼓风箱系在羊肠上往里打气，直到吹胀的羊肠占满了整个房间，人们不得不让到角落里。他以这种方式让人们知道羊肠是如何渐渐充满空气变得透明的。根据羊肠最初只占一点空间逐渐扩大到整个房间这一事实，他把羊肠比作天才。"[2] 他的寓言和谜语同样生动地表现了，那种以无害的方式藏匿东西并加以巧妙伪装的玩耍乐趣。谜语披上了"预言"的外衣：它们几乎都富含思想，至于才智成分却是匮乏得惊人。

列奥纳多具有想象力的戏耍与恶作剧，在某些情况下使得那些在这方面误解了他的性格的传记作家误入了歧途。例如，在列奥纳多的米兰语手稿中，有些是致"巴比伦王国总督圣苏丹索里奥（叙利亚）的迪奥达里奥（Diodario）"的信件草稿。他在这些草稿里谈到了自己作为工程师被派往东方某些地区去做一些工程；有人说他懒惰，他因此作了辩解；他提供了城市和山脉的地形图，最后还对他在那里时所发生的一个重大自然现象做了描述。[3]

---

[1] 见朔恩翻译的瓦萨里的著作（1843）39页。
[2] 同上。
[3] 这些信札及相关的各种问题见明茨的著作（1899）第82页以下；原文和其他原有相关注释可在赫兹菲尔德的著作（1906）第233页以下中找到。

1883年，J.P.里克特试图根据这些文件来证明，列奥纳多旅居并效劳于埃及国王期间确实做了这些事情，甚至在东方接受了伊斯兰教。按照这种观点，他应该是1483年以前的一段时间里，即住进米兰公爵宫廷之前，访问了那里。另有一些聪明作家不费吹灰之力就发现，列奥纳多的所谓东方之旅只不过是年轻艺术家想象的结果。他杜撰这些纯为自娱自乐，同时也是他周游世界进行冒险这一愿望的流露。

　　另一个关于他创造性想象力的极有可能的例子，可能是在《芬奇学院》这一作品中发现的。作品中有五六个纹章图案，有着极其复杂的交错图形，都带着学院的名称。瓦萨里提到了这些设计，没说学院。[1]明茨用其中一幅纹章作为自己有关列奥纳多的大型著作的封面，他是相信《芬奇学院》真实性的少数几人之一。

　　列奥纳多的戏耍本能极有可能在他更加成熟的年龄阶段消失了；这种本能也进入研究活动之中，代表了他个性最新最高的发展。但是，只有这样一个长期的过程才能告诉我们，如果一个人在童年期享受了最高却无法再来的性爱极乐，那挣脱童年的过程必将非常缓慢。

六

　　如今，读者会觉得所有病历都让人难以接受，但对这种事实视而不见是无益的！他们抱怨说，审查一名伟大人物的病历永远不会因此就理解了他的成就和重要性，研究伟人身上的这些事是一种毫无益处、很不恰当的做法，因为这些事情在任何个人身上都很容易看到，以此来表达厌恶之情。显然，这种批评很不公正，以致只能当作借口和伪装来加以理解。审查病历的目的绝非在于使伟人的成就明白易懂；可以肯定，一个人即使没去做从未承诺之事，也不应受到谴责。但反对的真实动机与此不同。如果牢记，传记作

---

[1] "此外，他费了一些时间来画带结，顺着带子从一头到另一头，直到我们可以看到它构成了一幅完全是圆形的图案。这类非常复杂漂亮的设计刻在了铜板上；中间可以看到'列奥纳多的芬奇学院'的字样"，朔恩（1843）8页。

最后的晚餐　达·芬奇　湿壁画　420cm×910cm　1495—1498年

圣母玛利亚　达·芬奇　布面油画转板面油画　50.2cm×36.4cm　约1510年

哺乳圣母　达·芬奇　木板油画转布面油画　42cm×33cm　约1490—1491年

岩间圣母 达·芬奇 木板油画 197.5cm×123cm 1483—1485年

岩间圣母 达·芬奇 木板油画 189.5cm×119.5cm 1495—1506年

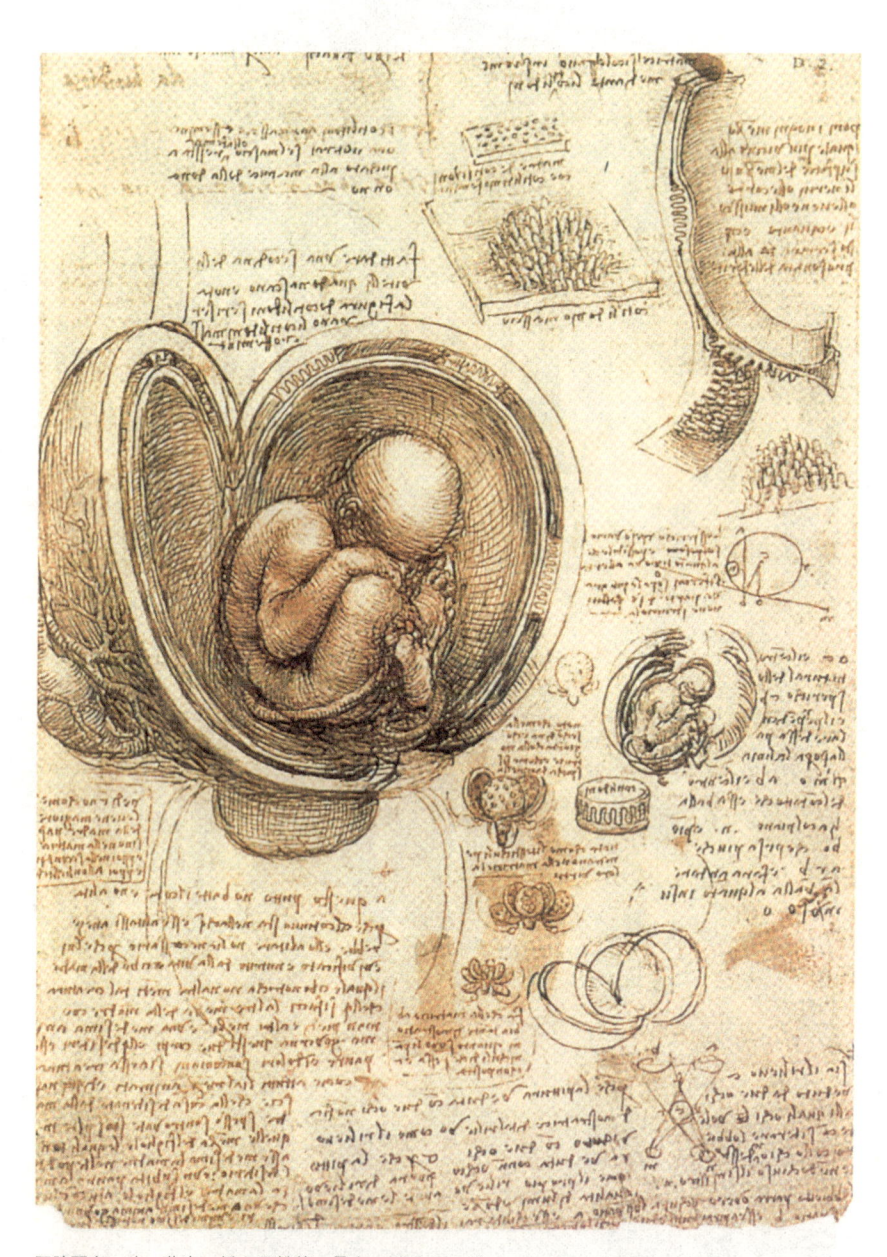

胚胎研究 达·芬奇 纸上黑粉笔,墨水 30.5cm×22cm 1509—1514年

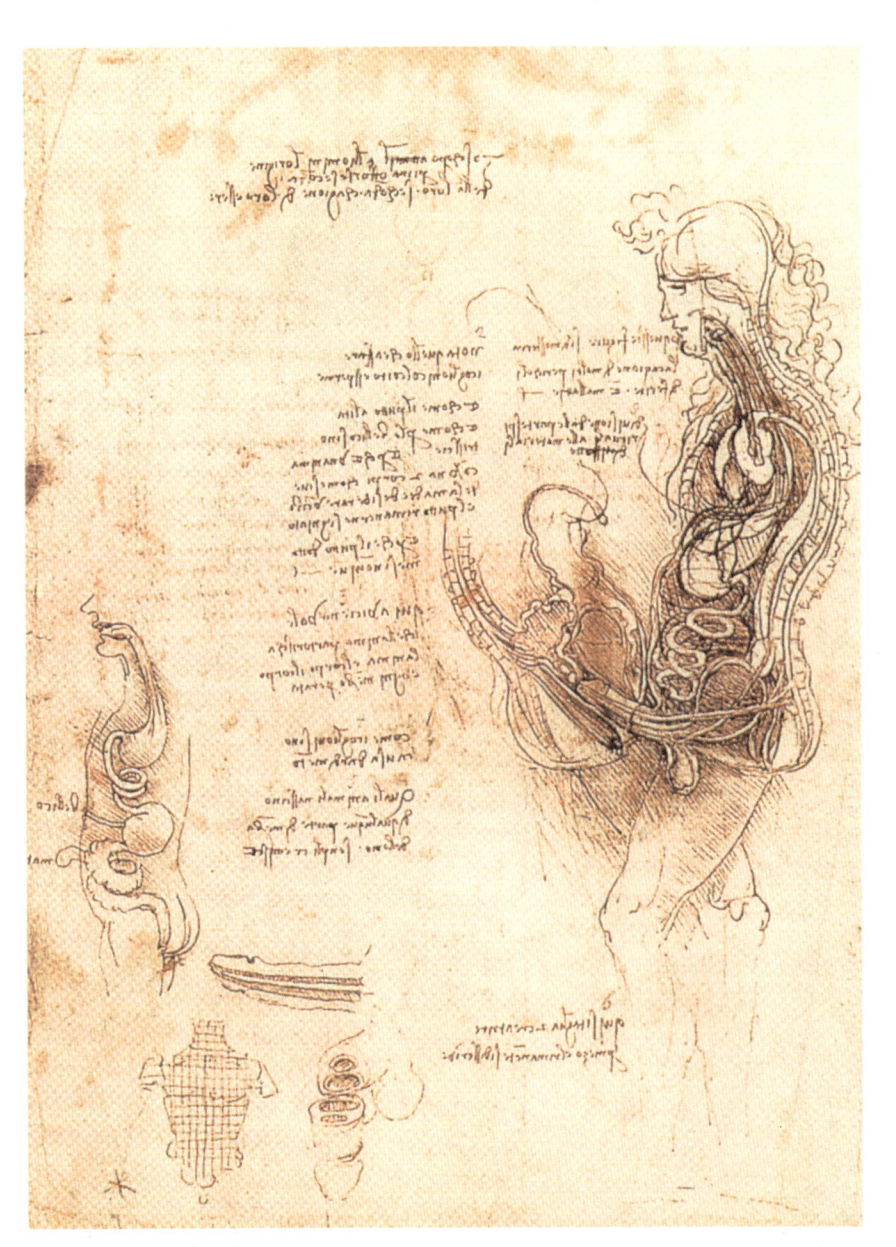

性行为和男性性器官草图　达·芬奇　纸上墨水　27.3cm×20.2cm　约1492年

蒙娜丽莎　达·芬奇　木板油画　77cm×53cm　1503—1506年

圣安妮和另外两个人　达·芬奇　木板油画　170cm×129cm　约1508—1510年

圣母子、圣安妮和约翰 达·芬奇 棕色纸上的炭笔素描、亮处以白色加强 139cm×101cm 约1499年

施洗者约翰 达·芬奇 板面油画 69cm×57cm 1513—1616年

巴克斯 达·芬奇 板面油画转布面油画 177cm×115cm 1510—1515年

丽达和天鹅　达·芬奇　板面油画　130cm×78cm　约1505—1515年

丽达和天鹅　达·芬奇　板面油画　130cm×77.5cm　1508—1515年

丽达和天鹅　达·芬奇　板面油画　112cm×86cm　1510—1515年

丽达和天鹅 达·芬奇 木板油画 1530年

家都有相当特殊的方式来确定传主,我们就能发现这些动机。许多情况下,出于自己的感情生活,他们打一开始就感到对自己的主人公有着一种特殊情感,所以将他选为自己的研究主题。他们接着就将自己的全副精力投入到这个理想化任务之中,旨在将这一伟人放进他们设计好的婴儿模式之中,并在他身上复苏孩子对父亲的理想。为满足这一心愿,他们擦去了主人公生理学上的个体特征,平息了他一生中那些对内外阻力的抗争,不允许他有丝毫人的弱点和缺陷。就这样,他们实际上给我们呈现了一个冰凉而又陌生的理想人物,以取代我们感到与之有着遥远关系的那个人。如此作为,十分令人遗憾,因为他们为了幻觉牺牲真相,为了儿时幻想放弃了机会,没能深入人类本性令人着迷的秘密。[1]

列奥纳多本人热爱真理、渴求知识,不会制止有人试图把他本性中的那些琐碎特性和谜团作为研究的起点,因为这是为了找到决定着他精神和智力发展的是什么。我们用向他学习的方式向他致敬。假如我们研究了他童年发展必然要付出的代价,假如我们把那些在他身上留下惨痛失败印记的因素集中起来,也无损他的伟大。

必须清楚地强调,我们从未将列奥纳多当作神经症患者,或者如那个拙劣的短语所言的"神经病"。任何抗议我们的人都会说我们胆大包天,居然用病理学范围内的发现来考量他。其实他们所坚持的正是我们今天已经明智地加以抛弃的偏见。今天,我们认为健康与疾病,正常人与神经症患者之间不再有显著差异,神经症特征不一定就是低级人的证据。如今我们知道神经症症状是一种结构替代了某种压抑的结果,从孩子到文明人的发展过程中必然会经历这些压抑。我们还知道我们都会产生这种替代结构,唯有其数量、强度和分布使我们有理由使用实用的疾病概念,推断体质性卑劣是否存在。根据所掌握的列奥纳多个性的细小表现,我们倾向于将他当作我们所说的"强迫性的"、仅次于神经症的类型。我们可以把他的研究与神经症患者的"强迫性沉思"进行比较,把他的抑制与众所周知的"意志缺失"(abulias)进行比较。

---

[1] 这种批评所指宽泛,并非仅仅针对列奥纳多的传记作家们。

我们研究工作的目的，在于解释列奥纳多的性生活和艺术活动中的抑制。考虑到这一点，我们应该对他的精神发展过程中我们所发现的一切加以总结。

我们对他遗传方面的情况不了解。另一方面，我们看到他童年期的偶然遭遇对他的生活产生了深远的干扰效应，非婚出生使他5岁前得不到父亲的影响，完全处在将他当作唯一安慰的母亲的温情诱惑之中。母亲的亲吻使他过早性成熟。从此，他无疑进入了幼儿性活动期；对此，只有一种表现形式是确定无疑的：他所进行的幼儿性研究的强度。他的视觉本能和求知本能受到童年早期印象的强有力的刺激，嘴的性感带得到了强化，此后再没放弃过这种强化。从他后来相反的行为中，例如对动物有着夸张的同情，我们可以推断，他童年时代的这一阶段并不缺少强烈的施虐狂特性（sadistic traits）。

强力的压抑高潮结束了童年期的过分行为，并形成在青春期才明显的某些倾向。这种转型最显著的结果是每一种原始感官活动都受到了回避；这使得列奥纳多有能力在禁欲中生活，给人以"无性欲人"的印象。当青春期的刺激像洪水一样扑向这个男孩时，这些刺激却通过迫使他形成一种代价高、危害大的替代结构而没让他患病。因为很早就形成了性好奇倾向，他的很大一部分性本能可以升华为一种广泛的求知冲动，因此逃避了压抑。只有很小一部分力比多继续服务于性目的，表现为一种发育迟缓的成人性生活。因为他对母亲的爱受到了压抑，这部分力比多不得不采取同性恋的态度，并在对男孩们的理想爱情中显露自己。对母亲的固恋和对母子关系幸福回忆的固恋继续保持在潜意识中，但暂时处于静止状态。就这样，压抑、固恋、升华在处置性本能对列奥纳多精神生活的贡献方面，都发挥了作用。

列奥纳多从无名小子成长为艺术家、画家和雕塑家，这是因为他有一种特殊禀赋，这种才能又因童年早期窥淫本能的早醒早熟得到加强。若非能力不及，我们应该很乐意对艺术活动源于心理原始本能加以说明。能对下述难以置疑的事实加以强调，我们也应感到满足了；这就是，艺术家创造作品的同时也为自己的性欲望提供了一种宣泄；在列奥纳多的案例中，我们能够指出来自瓦萨里的研究资料中那些微笑的女人头像和漂亮男孩头像——从另一角度来说体现了他的性对象——在他早期的艺术创作中是值得注意的。列奥纳多在青春勃发期的工作之初似乎是无拘无束的。正像生活中他在言行举止上模仿父亲一样,在米兰他就这样度过了一段男性创造力和艺术高产的时期,仁慈的命运之神让他在"摩尔人"洛多维科公爵那里找到了父亲的替代者。我们的经验很快就得到了证明,对真正性生活全部加以压抑,并不能为升华了的性倾向活动提供最佳条件。性生活强加的模式,自显其效。列奥纳多的活动和果断决策的能力渐渐不行了,他那谨小慎微、做事拖沓的倾向已明显成了《最后的晚餐》的干扰因素,影响了他技巧的发挥,对这一伟大作品的命运也就有了决定作用。他身上渐渐出现的这个过程只能比作神经症的退行(regression)现象。幼儿早期的决定因素以及成为钻研者的过程,掩盖了他在青春期转向艺术家的发展过程。性爱本能的二次升华让位于初次压抑时就已准备就绪的初次升华。成为钻研者最初还是为了艺术,到后来就独立于并摆脱艺术。由于他的保护人即父亲替代者的丧失,生活笼罩着一层阴暗色彩,这个退行期承担了越来越大的比例。他变得"对绘画非常不耐烦"[1],与伊莎贝拉·埃斯特(Isabella d'Este)伯爵夫人有书信往来的人告诉我们,她极想得到他手中的一幅画。他受制于自己的婴儿期历史。但是现在替代了艺术创作的研究工作似乎有了某些特点,显示出潜意识本能的活动——永不满足、不屈不挠,却对现实环境缺乏适应能力。

当时,他50岁出头,正值生活巅峰期。在这个年龄阶段,女人的性特征开始衰退,而男人此时的力比多经常会有更旺盛的发展——一个新蜕变向他袭来。他内心最深处的内容再次活跃起来,这种二次退行则有利于当时他那发展迟缓的艺术。他遇到的这个女人,唤醒了他记忆中母亲那充满感官狂喜的幸福微笑;在这个恢复记忆(revived memory)的影响下,艺术之路上最初给他以指引的那些促进作用也复原了。那时他以微笑的女人为模特儿,画制了《蒙娜丽莎》《圣安妮和另外两个人》和一系列以谜一般的神秘微笑为特点的作品。借助于原始性爱冲动,他体验到了在艺术中再次战胜压抑的那种心满意足。在老之将至的阴影下,这一最后发展让我们难见其真貌。然而

---

[1] 冯·塞德雷斯(1902)第2卷第271页。

此前，他的智识翱翔于世界构想的最高点，遥遥领先他的那个时代。

在前几章中，我已说明用什么样的理由来给出列奥纳多发展过程的画面，提出了对他一生阶段的细细划分，解释了他在科学和艺术间的摇摆不定。我所做的这些讲述可能会引起甚至精神分析学界朋友和专家的批评，认为我只是写了一部精神分析小说。如果这样的话我会回答说，我远未过高估计这些研究结果的肯定性。我像其他人一样，深受这位神秘伟人的吸引。在他的天性中我们可以察觉到强烈的本能激情，这种本能激情只能以一种明显的克制方式来加以表达。

然而，无论列奥纳多的生活真相如何，我们不能停止对它做精神分析解释的努力，直至我们完成又一项任务。我们必须用普通方法明确标出在传记领域精神分析学所能达到的成就极限。否则，将来可能出现的每一种解释都会成为一种失败，摆在我们眼前。精神分析研究需用到的材料，包括个人生活史信息：一是事件的偶然情况和背景影响，一是受试者的报告反应。在心理机制知识的支持下，就可以努力根据一个人的反应强度来为他的本性构建一个动力基础，揭示他的心理原始动机力量及其后来的转变和发展。如果这件事成功了，他生活过程中的个性行为就能在性格和命运、内外力量的结合中得到解释。假如我们的工作未能产生结果（对列奥纳多案例的分析也许正是如此），那也不该指责精神分析法错了或不当，应该说与列奥纳多相关的资料既不准确又很零碎，用传统方法获得的资料也就这样。因此，应该对这一失败负责的人是那些传记作家，精神分析学是被迫在如此不充足的材料基础上发表专家意见。

但是即使我们掌握的史料非常丰富，即使有极大把握搞清心理机制，还有两个要点非常重要：精神分析研究仍然不能使我们理解，研究对象为什么必然以自身方式而绝非其他方式将自己表现出来？在列奥纳多的案例中，我们不得不坚持这样一种观点：他非婚出生这一偶然性和他母亲的过分温柔，对他性格的形成，对他后来的命运具有决定性影响。因为始于后儿童时期的性压抑将力比多升华为求知欲，并造成他整个后来人生中的性冷淡。童年时期有了初次的性满足后，这种压抑便不再发生。在另外一些人身上，这种压抑可能不会发生或者比例要小得多。我们必须承认，这里有一个用精神分析法无法进一步解决的自由度。同样人们也无权说，这一波压抑的结果就是唯一可能的结果。另一个人很可能未能将大部分力比多从压抑下解脱出来，并升华为对知识的渴望。在同一影响力的作用下，一个人要么忍受对自己智力活动的永久性伤害，要么学会对强迫性神经症的绝对控制。我们因此有了精神分析学也难以解释的列奥纳多的两个特征：他那十分特殊的对于本能压抑的倾向和他升华这些原始本能的卓越能力。

本能与其转变都是精神分析学可识别的极限，超出这一点就让生物学研究取代了。我们不得不在性格的器质性基础上去寻找压抑倾向和升华能力的根源，因为精神结构只是后来才在此基础上形成的。因为艺术天赋和能力与升华紧密相关，我们因此必须承认，艺术功能的本质按照精神分析法也是无法找到的。生物学研究的当今趋势是要将人的器官构造的主要特征，解释成男女性格倾向在物质基础上进行混合的结果。列奥纳多漂亮的身材和"左撇子"，也许可以用来支持这一观点。[1] 我们无论如何都不会离开纯心理学研究的基础。我们的目的一直是想证明，沿着本能活动的路径，个人外在经验和反应之间存在着什么联系？即使精神分析学没能对列奥纳多的实际艺术能力加以揭示，至少还是证明他有这种能力，并让我们认识到了他的艺术力的局限性。不管怎么说，好像只有具备了列奥纳多童年时代经验的人，才会画出《蒙娜丽莎》和《圣安妮和另外两个人》，才会使自己的作品如此命运多舛，才会开始如此惊人的自然科学事业；好像他一切成绩和不幸的关键就隐藏在他童年的"秃鹫幻想"之中。

然而，人们会因为这一研究将对个人命运产生决定意义的影响归因于列奥纳多的"恋亲丛"[2]中的一些偶然情况，而反对这一研究结果吗？在这种影响力的作用下，列奥纳多的命运，举例来说，就取决于他的非婚出生及第一位继母康娜·阿尔贝拉的不孕。我认为没人有权这么做。如果认为机

---

[1] 无疑这是暗指弗利斯的观点，弗洛伊德深受其影响。参见他的《性学三论》（1905）。然而在"两侧对称"的特殊问题上，他们两人的观点并不完全一致。
[2] "恋亲丛"（parental constellation）系精神分析术语，与"双亲情结"（parental complex）内涵相同，指以母亲或父亲为核心的性爱心理情感，即子女对异性父母的性爱恋情，包括"恋母情结"和"恋父情结"。——中译者

遇（chance）对决定我们的命运毫无价值，就会重蹈那种虔诚的宇宙观；列奥纳多写下"太阳不动"时，要克服的正是这一观点。在我们的生命最缺乏抵御能力的时期，公正的上帝和仁慈的天命没能很好地保护我们免于这些影响，我们当然会感到受了伤害。事实上，从我们自身起源于精子和卵子的相遇开始，每一件与我们生活有关的事情都是机遇。我们真是太会忘记这一切了。不过，机遇却是与自然法则和必然性分不开的，只是与我们的愿望和幻觉没什么联系而已。在我们体格的"必然性"（necessities）和我们童年时代的"偶然性"（chances）之间，如何分摊那些影响我们生活的决定因素，可能在细节上依然不确定。但总的来说，童年初期的重要性绝对不能再遭质疑。我们对大自然的尊重依旧少得可怜（列奥纳多晦涩的言语能使人想起哈姆雷特的诗句）：自然中"充满了无数的原因，都永远进入不了我们的经验"。[1]

我们人类中的每一员都对应于无数实验中的某一项。自然"原因"（ragioni）正是通过这些实验设法成为经验。

---

[1] 见赫兹菲尔德的著作（1906）11页，似乎在暗指大家非常熟悉的哈姆雷特的名言："人间事真多，荷拉提奥，这比你在哲学梦想中的还要多。"

06 米开朗琪罗的《摩西》

本文是弗洛伊德以精神分析观点对米开朗琪罗所创造的《摩西》这一艺术作品的解释。弗洛伊德对米开朗琪罗雕塑的兴趣由来已久。1901年9月，他第一次访问罗马。抵达罗马的第四天，他就去参观了米开朗琪罗的雕塑。后来，他又去过许多次。早在1912年，他就打算撰写这篇论文，直至1913年秋才开始动笔，并于1914年匿名发表于《意象》杂志上。发表时，标题下有一个注释："严格说来，这篇论文并不符合这本杂志发表稿件的条件，但是编辑们还是决定发表它，因为作为编辑们熟悉的作者，他活跃在精神分析圈子里，也因为事实上他的思想方法与精神分析学的方法有某些相似之处。"本文提出艺术作品打动人心的奥秘在于，作者在作品中所表达出来的意图在观众心中唤起与之同样的情感态度和心理品质。同时指出在艺术品的欣赏中对一些为人所忽视的细节的注意和分析，可以使人更好地理解作者的创作意图和作品的主题思想。此文对了解弗洛伊德的心理美学具有重要意义。

我应该立即声明自己在艺术上并不是鉴赏家，只是个外行。我发现艺术作品的主题内容比其形式和技巧更能引起我的兴趣，虽说艺术家们都认为艺术品的价值首先且主要在于表现形式和技巧。我没有能力去恰当地理解艺术上所采用的许多表现手法及其效果。我之所以这么说，是想确保读者对我在这方面的一番尝试充满兴趣。

艺术作品的确给我强烈的影响，尤其是那些文学作品和雕塑作品，其次是绘画作品。当我思考这些问题时，我总是在这些作品上费时良久，试图按照自己的思维方式去理解它们。我会自我解释，这些艺术作品的效果应该怎么理解。每当我做不到这一点时，譬如在音乐方面，我几乎得不到任何乐趣。我的理性（或分析）思维，在我弄清为什么以及是什么打动我之前，无法被任何艺术作品打动，这使我认识到这样一个明显的矛盾现象：某些宏伟壮观、令人震撼的艺术创作，在我们的理解力看来依然是未解之谜。我们赞美它们，对其心服口服，但却说不清它们向我们表现了什么。我的阅历还不足以使我知道是否已经有人讨论过这一现象；也许有吧。某美学家已发现这种理智上的困惑是艺术品取得最佳效果的必要条件。我是极不情愿相信这种必要性的。

我并不是想说，艺术鉴赏家和艺术爱好者找不到恰当的词语向我们赞美这些艺术品。在我看来，他们能言善辩。他们虽然在一件伟大的艺术作品前各执己见，却回答不了坦诚相待的崇拜者所提出的任何问题。在我看来，如此有力地抓住我们的正是艺术家的意图，因为他在其作品中成功表现这种意图，并成功使我们领会这一意图。我明白这不仅仅是**理智**问题；艺术家的目的在于，唤醒我们内在的与他相同的情感态度和同样的心理品质。正是这种心理品质，在他身上产生了创作的动力。那么，为什么艺术家的意图不能像其他精神生活的东西那样，用**言语**进行交流，用**言语**理解呢？或许，只要有艺术品在，不运用精神分析就解决不了问题。如果作品确实有效表达了艺术家的意图和感情活动，那么作品本身都应该接受这种分析。当然，要弄清这种意图，我必须首先找出他作品中所表达的意思和内容，换句话说，我得有解释作品的能力。因此，这样一件艺术作品可能需要**解释**，只有诠释了作品，我才能够知道为什么我会被它深深打动。我甚至希望，作品的效果不会因为我们对它的这番分析而有丝毫的减损。

我们来研究一下莎士比亚的代表作《哈姆雷特》，这部有着三百多年历史的戏剧[1]。我一直密切关注着精神分析文献，并接受了其观点：只有通

---

[1] 也许于1602年首演。

过精神分析将悲剧素材归结到恋母（Oedipus）情结这一主题时，悲剧的感染力之谜才能最终解开（参见《释梦》）。但在这种回溯完成之前，将会有多少杂七杂八、相互矛盾的解释呀！会有多少有关主人公的性格以及剧作家用意的想法呀！我们应该将莎士比亚当作病人、弱者，还是于现实无益的理想主义者来同情？有多少解释是那么索然无味，对戏剧的效果没有做出丝毫解释。它们只是让人觉得该剧之所以魅力无限，是因为其思想深刻、语言瑰丽。仅此而已。但是，就是这些诠释恰恰证明：我们感到有需要在该剧中寻找某种其他的力量源泉，难道不是吗？

在这些令人费解、精湛的艺术作品中，还有一件就是由米开朗琪罗雕刻的大理石像《摩西》，陈列在罗马的圣伯多禄锁链堂里。众所周知，这座雕塑只是教皇巨大陵墓的极小一部分，是艺术家本打算为权威至高的教皇尤里乌斯二世（Pope Julius II）树立的。[1] 每次看到对这一雕塑的赞辞（如，说它是"近代雕塑之冠"），我就感到非常开心，因为没有一件雕塑作品能像这尊摩西像那样给我留下如此深厚的印象。不知多少次，我沿着科尔索加富尔（Corso Cavour）那陡峭的并不讨喜的台阶，登上阒无一人的广场。那里有座废弃了的教堂。也不知多少次，我想在此承受英雄愤懑的目光。有时，我从阴森的内部小心地钻出来，那感觉就好像我也是他目光下暴民的一分子——这些暴民既不讲理又没涵养，一旦得到迷惑人的偶像便手之舞之。

但是我为什么要说这座雕像令人费解？毫无疑问，雕像表现的是摩西——犹太大法的制定者。他手持刻有《十诫》的律法书。这一切都是确然无疑的，不过也仅此而已。1912年，艺术评论家马克斯·绍尔兰特（Max Sauerlandt）曾说过："世界上没有一件艺术品会像这位头上长角（head of Pan）的摩西一样，受到如此不一的评论。仅是对这个人物的解释，就有截然相反的见解……"我依据五年前发表过的一篇文章，将先研究与摩西这一形象有关的疑惑——其背后隐藏着理解这件艺术结晶的最根本、最有价值的东西，揭示这一点并不难。

---

1 据亨利·托德（Henry Thode），那尊雕像作于1512年至1516年。

第一章

　　米开朗琪罗的摩西雕像呈坐姿；身体朝向正前方，那张满是胡须的面孔，侧向左前方，右脚踏地而左腿微抬，仅有前脚趾触地。他的右臂既抵着《十诫》又触摸到胡须；左臂垂放在膝上。我如果想更加详细地描述他的态度，那就必须知道我在后面想说些什么。顺便说一句，各种各样的作家对这座石像的描述竟是那样失真。他们对自己不懂的地方进行了歪曲的描述。格林（Grimm，1900）说道：他"律法放在右臂下"，右手"抓着胡须"。吕布克（Lübke，1863）也说道："他受到了极大的震动，右手抓住了飘逸的美须……"斯普林格（Springer，1895）说："摩西一只（左）手按在身上，另一只手似乎下意识地插进那绞在一起的胡须中。"尤斯蒂（Justi，1900）认为，他的（右）手在拨弄着胡须，"就像现在有人激动时拨弄表链一样"，明茨（1895）也强调了拨弄胡须这一点。托德（Thode，1908）提到了"右手搁在紧贴身旁的律法书上那种安逸、坚定的姿态"，却像尤斯蒂和博伊托（Boito，1883）那样，哪怕是右手所传递的激动迹象也没看出来。雅各布·布尔克哈特（Jakob Burckhardt，1927）抱怨说："这位巨人的手一直抓着胡须，直到将头转向了另一方。""那条令人赞叹不已的左臂，实际上只发挥了把胡须按在身上的作用。"

　　如果只是描述不同，有关雕像细部意义的不同解释也没什么大惊小怪的。我觉得有关摩西的面部表情，还是托德（1908）的言辞最准确。他从中看到了"一种愤怒、痛苦、鄙视的复杂表情——愤怒流露在紧锁的双眉间，痛苦在目光中，而鄙视则表现在撅起的下唇和下撇的嘴角间"。但是其他崇拜者肯定会用另一种眼光来看待这件雕像作品。比如，迪帕蒂（Dupaty）就认为，"他那堂堂的双眉犹如一块透明的薄纱，只能半掩着他那非凡的思想"。另一方面，吕布克（1863）却声称："如果你想从那脑门上看出超凡的智慧，那只能是徒劳的；他那下弯的双眉并不表示什么，顶多说明他怒不可遏、膂力过人。"纪尧姆（Guillaume，1876）对摩西面部表情的解释与上述几种相差更远。他看到摩西脸上毫无感情，"仅有一股傲气，一种业已唤起的尊严和一种强烈的信仰。摩西的双目看到了未来，预见到同胞的生生不息和律法的亘古不变"。明茨（1895）也认为，"摩西的视野远不限于他的同胞，他看到了唯有他本人才说得出的神秘境界"。在施泰因曼（Steinmann，1899）看来，这位摩西确实已"不再是负载着耶和华的疾愤的冷峻立法者、原罪的劲敌，而是一位永恒的帝王般的神父，仁慈而富有先见，眉宇间发出永恒之光。他在向自己的人民做最后的道别"。

还有人甚至认为米开朗琪罗的《摩西》根本就一无是处，并且对此直言不讳。一位评论家在1858年的《评论季刊》上写道："总的构思缺乏意义，作品思想难以自圆其说。"听说还有人甚至认为《摩西》不值得崇仰，真是令人瞠目结舌。这些人反感这一作品，说它是一副凶神恶煞样，头也刻得像畜生。

那么，大师之手是否真的在这块岩石上留下了含混不清、模棱两可的符号，以致招来众多泾渭分明的解读呢？

然而又一个问题出现了。这回把第一个问题也带在里面了。米开朗琪罗真想在这个摩西身上留下一个"永远琢磨不透的有关性格和气质的问题"，还是想把摩西一生中某一特定时刻（或者说最辉煌的时刻）塑造出来？绝大多数评论家赞同后一种可能性，并且能够告诉我们，艺术家把摩西一生中的什么时刻镂在大理石上使之永世长存。这一重要时刻就是，摩西从西奈山上帝那里得到《十诫》后走下山来，这时，他发现人们恰好正围着自铸的一个金犊（Golden Calf）起舞欢庆。正是这个场景吸引了他的目光，正是这个场面唤起他面部的种种表情——再过一刻这些感情就将化作他猛烈的行动。米开朗琪罗抓住了人物最后犹豫的瞬间——暴风雨前的平静——进行艺术塑造。在下一瞬间里，摩西将一跃而起——他的左脚已从地上抬起——把《十诫》摔向地面，向那些没有信仰的人大发雷霆。

那些支持这种解释的人，各自又保留着许多不同的个人见解。

布尔克哈特（1927）写道："在石像表现的那一刻，摩西可能看到人民对金犊的顶礼膜拜，正要一跃而起。他的形象极富动感，因为作者给它注入了猛烈的行动和天赐的膂力。这一切让我们心惊胆战地等着那一刻的到来。"

吕布克（1863）说："此刻他那炯炯的目光仿佛直逼人们对金犊顶礼膜

拜的罪孽，不由让人全身凉了半截。他受到了极大的震动，右手抓住了飘逸的美须，似乎想稍稍控制一下自己的行动，好在下一个瞬间让怒焰摧枯拉朽般地爆发出来。"

斯普林格（1895）赞同这一观点，但是也提出了一点疑虑。这一点疑虑在本文的后面将引起我们的注意。他说："性情刚烈的主人公内心极不平静，好不容易才克制住汹涌的激情……于是我们便不由自主地想起一个戏剧性的场面，相信雕塑中的摩西当时正看见以色列人对金犊顶礼膜拜，一怒之下决定采取行动。确实，这种印象很难和艺术家的真正意图吻合，因为摩西这一形象和其他五尊位于教皇陵墓上方的坐像一样，主要是想制造出一种装饰效果。但这种印象却非常有力地证明了艺术家在摩西这一人物身上所要表现的活力与个性。"

有一两位作家虽未真正接受这种"金犊说"，却对其主要观点持赞同态度，即摩西正要跃起，采取行动。

根据格林的说法（1900），"（摩西）这个形象充满了威严、自信，仿佛天下惊雷由他一人掌控。不过在愤怒雷霆暴发之前，他还在控制着自己。他想看看自己想要消灭的仇敌是否胆敢进犯自己。他的坐姿似乎行将站起，双肩托着那颗高昂的头颅，右臂夹着《十诫》，右手紧抓胸前波浪般的胡须。他的鼻孔大张，双唇颤动似乎在说着什么"。

希思·威尔逊（Heath Wilson，1876）声称，摩西的注意力受到刺激，他行将跃起，却仍在犹豫；他那蔑视和愤慨交织的目光，还是有可能变得慈祥怜悯。

沃尔夫林（Wölfflin，1899）谈到了"克制行动"（inhibited movement）。他说，这种克制缘于摩西自身的意愿；这是他发作并行将跳跃起前自我控制的最后瞬间。

尤斯蒂（1900）对该雕塑作品的解释最极端。他说雕像中的摩西正在观察金犊。他指出一系列迄今为止没人注意到的细节，并据此提出了自己的假设。他要我们注意两块法版就要滑落到石座上。"他"（摩西）"可能朝喧嚣声传来的方向望去，脸上流露着不祥之感的表情；或者也有可能是什么令人憎恨的现象让他大惊失色。他又惊恐又痛心,身子瘫了下去。他已在西奈山度过了四十个日日夜夜,如今已疲惫不堪。刹那间,他感受到了恐惧、命运的突变、罪孽,乃至幸福,但又没法抓住其本质、把握其深度、揣测其后果。一时间,摩西觉得前功尽弃,对自己的人民绝望至极。此时此刻,心中不免翻江倒海。法版也不由得从右手滑落到石座上;法版的一角已触到石座,他用前臂将它们夹在身旁。然而手却伸向胸前的胡须。由于头转向了观众的右侧,手便把胡须挽向左边,打破了这一男性饰物的对称。他的手指好像在拨弄着胡须,就像现在有人激动时拨弄表链一样。他的左手陷在身体下方的衣服里——照《旧约》的说法,脏腑乃感情之所在——但是左脚已经抽回,右脚伸向了前方;一瞬间后他就会跃起,他的精神力量将要由感情化作行动,他的右臂会有行动,法版将掉落地面,可耻的进犯者将血流成河,以谢己罪"。"这并不是剑拔弩张的时刻。精神上的痛苦仍在压迫着摩西,令他几乎崩溃。"

纳普(Knapp,1906)持相同的观点,只是在叙述的开头他没有提到那一疑点,而是将"法版下落说"做了进一步的发展。"他刚才还和上帝单独在一起,现在却被尘世的声音分散了注意力。他听见了喧闹声;欢歌起舞的喧闹声,把他从静思中惊醒;他转目向喧闹声传来的方向看去,恐惧、怒火、失控的情感一下纵横交织于他那伟岸的身躯。他如果一跃而起向那些堕落的人大发雷霆的话,法版就会掉下,粉身碎骨地摔在地上……这是艺术家选择的最紧张的时刻。"因此,纳普强调的是行动前的准备因素,并不同意那样一种观点,认为石像表现的是主人公试图对激愤的感情加以扼制。

不可否认,尤斯蒂和纳普所做的这类解释有极其值得关注的地方。这是因为他们的解释并非仅限于分析人物形象的具体效果,而且还是以石像的不同特征为基础的;这些特征我们常常不大注意,因为我们常常受总体印象的制约,只顾一点不及其余。头部和目光的明显左转,使得身体更加前倾。这一造型说明,正在端坐的摩西突然看见左前方发生了什么,并被牢牢地吸引住了。他抬起的一只脚,只能意味着他准备跃起;如果我们假设,摩西一时激动使法版从手里滑落,掉向地面,那么他拿法版的极不寻常的方式也就完全可以理解了(《十诫》是神圣之物,不可能像普通的随身之物那样随便拿着)。我们根据这一观点认为,石像记录了摩西一生中特殊而又重要的一刻,而且我们也可以确信,这是一个什么样的时刻了。

但是托德的两个说法却使我们对原以为明白的东西不明白了。这位批评家说道:在他看来,法版不是下滑而是被"牢牢握住"。他注意到"左手稳稳地放在法版上"这一细节。如果我们亲自仔细看一下石像,我们也会毫无保留地承认托德是正确的。法版被牢牢地夹着,没有滑落的危险。摩西的右手支撑着法版,或者说法版支撑着摩西的右手。的确,托德没有说明摩西持握法版的部位,但那个部位并不能证明尤斯蒂以及其他人关于持握法版的解释是正确的(托德,1908)。

第二个说法更有权威性。托德提醒我们,"这尊是米开朗琪罗计划完成的六尊石像之一,本来就设计成一尊坐像。这两个事实都证明米开朗琪罗并不打算用这一雕像来记录一个特定的历史时刻。因为按照第一种考虑,即塑造活动者(vita activa)和静思者(vita contemplativa)这么一组呈坐姿的人像计划,就排除了关于这尊雕像意在记录特殊历史事件的推测。根据第二种考虑,坐姿的表现虽然在艺术构思上必须用这一姿态来表现整座纪念物,却与那一历史时间相抵触。摩西应该是走下西奈山,来到人群中"。

如果我们接受托德的这一不同意见,我们还可以增加它的分量。摩西像将和另外五尊像(根据当时晚些时候的速写图看,或许是三座)一起用来装饰陵墓的底基。最靠近它的一尊将是保罗像。另外一对是真正的站像——表现活动者和静思者的石像取形于利亚(Leah)和拉结(Rachel)——被弃于陵墓之上,因为它们尚未完成,形象很惨。这样,摩西像就成了整体的一部分,而我们也就没有理由想象,摩西石像意在激发观赏者想象:摩西就要从座位站起来,跑过去,亲自制造一片大混乱。如果其他石像并没有表现出准备采取激烈行动的话(这种可能性几乎没有),单独一尊石像会让我们误认为它要脱离原位和石像群,因而也就失去总体设计赋予它的作用,这样就会给人造成很糟糕的印象。这样一种创作意图会产生一种混乱的效果,我们不会去指责一位伟大的艺术家竟会有此下策,除非事实迫使我们得出如此结论。呼之欲出的形象与陵墓使我们产生的心境,完全是不和谐的。

因此,摩西的形象不能理解为行将跃起;必须让他和其他石像中的人一样，像设计中的教皇像（并非出自米开朗琪罗之手）一样，保持庄严姿态。这样一来，我们面前的这尊石像就不可能是一位义愤填膺者的雕像；不可能是那位从西奈山上走下，发现自己的人民毫无信仰，愤而将法版摔破在地的摩西像。的确，我至今仍记得，最初几次参观圣伯多禄锁链堂时，我总是坐在这尊石像前，以为我马上会看到摩西怎样抬脚站起来，把法版摔在地上，大发雷霆。但是这样的事从未发生。相反，石像越发巍然，全身透出一股让人喘不过气来的冷峻。我终于明白了这里所表现的是某种亘古不变的东西；这位摩西会永远这样义愤填膺地坐着。

但是，如果我们必须放弃自己对石像的解释，不再认为石像中的摩西看见金犊，满腔的怒火正要燃烧，我们就别无选择，只能接受某种假设，认为该雕塑反映了人物性格。托德的观点好像随意性很小，解释也与像中人的动作意义最为接近。他说："和通常一样，他（米开朗琪罗）在这里想表现的是一种性格类型。他创造了一位充满激情的人类领袖。这位领袖深知自己作为大法制定者（Lawgiver）的神圣使命，勇敢面对人们对他的不理解和对立。表现这类行动者的唯一手法就是突出他的意志力。这一点是通过表现总体静态中的一丝动意来实现的。比如我们从他那转向一边的头，紧绷的肌肉和左脚的位置中看到了某种动感。这些明显的特征，我们在佛罗伦萨教堂里的行动者身上也能看见。由于艺术家强调了这位天才改革家和芸芸众生间不可避免的冲突，摩西的这一基本性格得到了进一步的突显。愤怒之情、鄙视之情和痛苦之情，都集中于一身。没有这些情感，就不能表现这类超人所具有的性格。米开朗琪罗所创造的不是一个历史人物，而是一种性格类型，体现着制服桀骜不驯之尘世的无穷无尽的内在力量；他不仅表现了《圣经》中记载的摩西，而且表现了他内心的经历，表现了尤里乌斯这个人和萨沃纳罗拉（Savonarola）之永恒冲突的根源。"（1908）

这种观点可以同克纳克富斯（Knackfuss）的说法联系起来（1900）：摩西像艺术效果的巨大秘密，就在人物内心的烈焰和外表的冷静两者间的艺术反差上。

就本人而论，我对托德的解释没有反对意见，只是觉得他的解释少了些什么。也许有必要进一步挖掘，看看根据其态度来表现的主人公的心态，以及这一心态与其"外在的"冷静和"内在的"情感间的反差，它们之间到底有什么紧密关系。

第二章

早在我有幸听说心理分析之前，就知道有位俄罗斯艺术鉴赏家伊凡·莱蒙列夫（Ivan Lermolieff）[1]曾因考证绘画作者之真伪，给欧洲绘画艺术馆带来一场革命。他向人们演示了如何准确区分原作和摹本，并能为那些令人质疑的作品构想一个假设的作者。之所以能做到这一点，是因为他坚持主张注意力不应放在一幅画的整体印象和主要特征上。他强调的是微小细节的重要性，诸如指甲、耳垂，以及光晕这些人们不加考虑的细枝末节。造假者会在临摹时忽略这些细节，而每个艺术家在这些方面又都有其独到手法。后来我才知道，伊凡·莱蒙列夫是一位意大利医生的俄文假名。他的真名叫莫雷利（Giovanni Morelli），死于1891年，生前曾是意大利王国的上议员。这一新发现，引起了我不小的兴趣。我觉得莱蒙列夫的考证方法与心理分析技术密切相关。他的方法也是通过观察那些令人不屑一顾甚至很不起眼的细节（所谓的垃圾堆），从中挖掘绝妙的秘密。

摩西像上有两处至今无人注意的细节，事实上没人恰当地描述过。它们就是右手的姿势和两片法版（tables of the Law）的位置。我们可以说，这只手在法版与主人公怒起的胡须间形成了独特但不合情理的关联。这一点是需要解释的。有人描述说，他将手指插入胡须，拨弄着须卷，同时手的外侧又靠在法版上。但是显然并非如此。有必要更加仔细地看看他的右手手指到底在做什么，更加细致地说说手指所触摸到的那些浓密胡须。

我们现在相当清楚地看到这样一些情况：右手的拇指被遮住了，只有食指真正碰到了胡须。这根手指用力地压住飘柔的大团胡须，竟然使手指上方和下方的须团都向头部或腹部隆起。其余的三根指头靠着前胸，在前关节处弯曲着，丝毫未触及从右手心处露出的那绺胡须。显然，手刚从胡须中抽出

---

[1] 他最早一批散文于1874年至1876年间在德国出版。

来。因此，说右手插进或拨弄胡须，都是不对的；明显的事实是：食指放在胡须上并在上面压出了一道深深的凹痕。不能否认，某人用一根手指压住胡须是一种不寻常的姿态，其用意也令人费解。

摩西那令人叫绝的胡须，从脸颊、下巴以及上唇一绺绺犹如波浪般地飘逸而下，每绺胡须互不牵连。最右边的那绺从脸颊长出，向下落至按捺的食指处被牵制住了。我们可以设想，这绺胡须可以沿着食指和被遮盖住的拇指之间继续下飘。与此对称的左边一绺胡须，一直畅通无阻地经胸前飘下。最不寻常的处理，是左边内层一绺和中线间的这部分浓密的胡须。这部分胡须没有随着头部转动向左边飘去；而是蓬松卷起，形成一种卷形的装饰效果，横悬于胸前盖在右边内层的胡须上。这是由于它受到了右手指的有力压迫，尽管这部分胡须长在左脸侧，而且实际构成了左边整个浓密胡须的主体。但是，虽然头部猛烈地向左转动，胡须的主要部分却留在了右边。在右食指压住的地方，胡须形成了涡状；左边的绺绺胡须盖在右边的胡须上，二者都被专横的右食指挽住了。只有在右食指尚未触及的地方，胡须才不受束缚，再次自由飘逸，垂直下落，直到末端都汇聚到摩西平放在大腿上的左手里。

我对自己能够讲得非常清楚不抱任何幻想，也不敢去评说雕塑家是否真的鼓励我们去解开石像的胡须之谜。但除此之外，还有个事实，那就是**右食指**的压力主要影响了**左边**的几绺胡须，由于这种斜向牵制，使得胡须没有随着头和目光转向左边。现在我可以提个问题：这种布局有什么用意吗？动机是什么？如果雕塑家确实考虑线条和空间设计的缘故而把向下飘逸的胡须拉向面朝左方的石像右侧，那么用一根手指压住胡须该是一个多么奇特而又不合适的表现手法呀！无论什么人，当他由于这样或那样的原因而把胡须挽向另一边时，都不会想到靠一根指头的力量把一半胡须压在另一半上。这些细部特征真的意味着什么吗？难道我们是在创作者看来无关紧要的事情上白费心思吗？

但是让我们暂且假设：这些细部也有意义。有一个办法可以帮助我们克服困难，并有助于发现新的意义。如果摩西**左边**的胡须在**右食指**的压力下停在那里，我们或许可以把这个姿势看作右手与左面胡须间某种联系的最后阶段。在被定格加以表现前的某个瞬间里，这一联系曾更加紧密。也许他的手曾更强有力地握着胡须。也许这只手曾一直伸到胡须的左边。而当手回到石像现在所示的位置时，一部分胡须便随之而动，证明刚刚发生的动作。胡须形成的旋涡，则表明了这只手的运动轨迹。

所以，我们可以推断，右手曾做了一个收回的动作。这一假设必然又引起其他假设。我们凭想象完成了一个场景：以胡须作为证明的手的动作是其中的一部分。这样，我们就相当自然地回到了前面的一个假设上。根据这一假设，端坐在那儿的摩西，着实对喧闹的人群和膜拜金犊的景象大惊失色。我们可以假设，他静静地坐在那里。头和飘逸的胡须朝向前方；手根本没有靠近头和胡须。突然，喧闹声震耳欲聋，他把头和目光转向发生骚乱的方向。整个场面一览无余，他也知道了是怎么回事。他义愤填膺，怒不可遏。他真想一跃而起，去惩罚并消灭那些坏事做绝的人。他的怒焰还远离对象，但在他的一个手势中，这把火发泄到了自己身上。那只随时准备出击、焦躁不安的手，抓住了随头转动的胡须，并且是用拇指和掌心钢钳般地抓住。这种表现力量和强烈感情的姿势，使我们想起了米开朗琪罗的其他作品。但现在出现了变化，我们又茫然不知它如何发生又为何发生。先前伸进胡须的手突然又缩回了，手指松开，胡须飘回。但是因手指插得过深，在回缩的过程中将左边的一大把胡须一直拉到了右边。在一根手指的重压下，这绺胡须就落在了右边的胡须上。这一新状态，只有借助先前的那个状态才能加以理解。石像捉住了这一姿态。

现在我们该停下来好好想想了。我们曾设想：首先，右手离开胡须；然后，在极度情绪化的时刻，手又伸向石像的左边，抓住了胡须；最后，手又缩了回去，牵扯到了一部分胡须。我们处置右手的动作，就好像我们能随意用它似的。但是我们可以这么做吗？这只手真的可以随意用吗？这只手一定没有拿或者没有支撑着法版吗？此类模拟动作难道不会受到手的重要功能的制约？再说，假如当初使手离开原来位置的动机那么强烈，又有什么能使它缩回呢？

这些的确都是新的难点。不可否认，右手要拿法版；对手的缩回我们也没有理由自圆其说。但是，假如两个难点同时解开，当且仅当这些难点是事件明确的相关结果呢？假如真有什么事发生，导致右手缩回法版呢？

看看下面的草图（图4），我们就会发现，法版有一两个显著特点至今还没人认为有必要对之说上几句。人们一向认为，右手是放在法版上的，或者说是支撑着法版的。我们一眼就可以看出，两块合在一起的长方形石板，全靠一个角竖立着。如果再仔细看看，就会发现法版的下沿形状与一路斜过来的上沿是不同的。上沿是直的，而下沿靠近我们的地方有一个角状的隆起物，法版就是通过这个隆起部分接触到了石座。这个细节的意义是什么？[1]很少有人怀疑，这个隆起部分是为了标示法版真正的上方，即文本的上方。只有这类长方形的书板，才会在上部卷曲或形成凹口。我们明白了，法版拿倒了。这可是对待圣物的一种少见方式。它们头朝下，仅以一角保持平衡。是什么样的形式考虑，使米开朗琪罗将法版置于这样一种位置？或者说，对这位艺术家而言，这一细节也无关紧要吗？

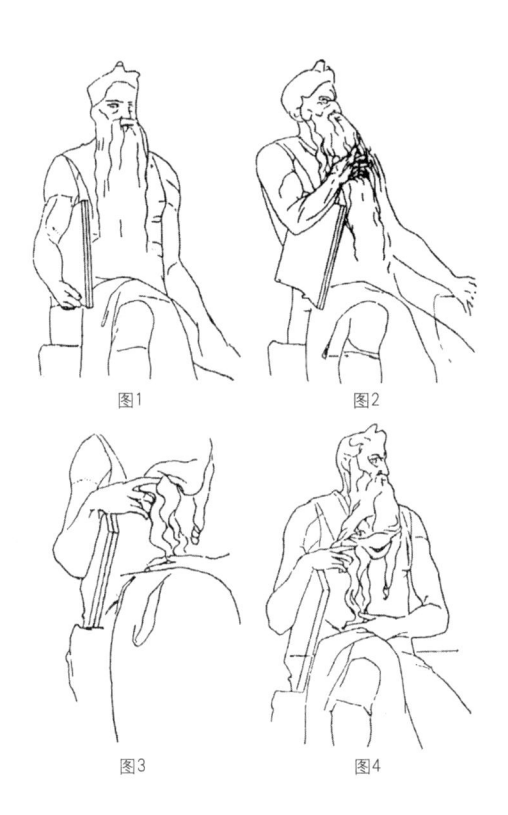

图1　　　　　图2

图3　　　　　图4

---

[1] 顺便说一下，这一细节与维也纳美术学院收藏的石膏原像不同。

我们想法版之所以会呈目前的状态，也是因为先前的移动；这一移动就是我们曾构思的右手改变位置的结果。滑动又使得手跟着缩了回去。手和法版的移动可以这样协调起来：最初，摩西静静地坐着，右臂下垂夹着法版。右手握住法版的下端，抠住了前面的突出部分（这样就容易拿稳法版了，这一事实足以说明为什么法版拿倒了）。接着，出现了破坏了摩西平静心境的骚乱。他向着那一方向转过头去。看到了那些情景后，他抬脚欲走。手松开了法版后，插入左上方的胡须中，似乎要把暴怒发泄在自己身上。这时，法版只能依托手臂了。所以，手臂才不得不把它们紧紧压在身旁。但手臂的力量不足以夹住法版。法版开始一头朝前同时向下滑动。原来曾是水平的上部边沿，现在开始朝向前方和下方；失去依托后的下沿，其前角滑向了石座。转瞬间法版就会绕着这一新支点，上部边沿先着地掉下，摔成碎片。正是为了**防止这种事情发生**，他右手放开胡须缩了回去，但一部分胡须无意中又被拉回。摩西把手及时放在法版上沿，在靠近后角（此时已处于最高点）处挟住了法版。这样，从包括胡须、手以及倾斜的法版在内的奇怪紧张的整体样子，可以推想到右手充满激情的动作及其一系列的自然后果。如果我们想还原这种激烈运动的效果，我们就必须把法版前上方的角抬起，并向后转动。这样也就使前下方的那只角（有隆起的那一角）从石凳上提起；然后垂下右手，放到现在已呈水平的法版下沿。

我请一位艺术家画了三张草图，说明我的意思。图3复现了现存石像的模样；图1和图2表现了我的假设的前两个阶段——第一是平静阶段，第二是高度紧张阶段。在这一阶段，摩西准备跃起时松开了手中的法版，法版开始下滑。现在值得注意的是，想象图中的两种姿势，如何能证明先前那些作家的描述是不正确的？米开朗琪罗同时代的孔迪维（Condivi）说："摩西，这位希伯来人的首脑和领袖，以静思哲人的姿态坐着；右臂下夹着法版大法，下巴支在左手上，就像一位疲倦而又心事重重的人。"在米开朗琪罗的雕像中根本看不见这种姿态，但这种说法几乎精确无误地描述了第一幅草图所支持的观点。吕布克及其他评论家都曾写道："他受到了极大的震动，右手抓住了飘逸的美须。"如果我们看看现存石像的复制品，就知道这种说法不正确，但就第二幅草图（图2）来说却是合适的。和我们一样，尤斯蒂和纳普也观察到了这样的细节：法版就要滑落，随时都有可能摔成碎片。托德纠正了这一说法，并证明右手稳稳地拿着法版；不过，如果他们描述的不是石像本身而是我们构想的那一动作的中间阶段，那就对了。他们真的好像将注意力从石像的视觉形象上挪开，无意识中开始了对石像背后动机作用力的分析。而他们这种分析的结果，与我们用更清醒，更明确的方法得出的结论竟然如出一辙。

第三章

我相信，现在我们可以收获自己辛勤劳作的果实了。我们看到，有多少人感受到了这尊石像的魅力，情不自禁地将其诠释为摩西因其人民有伤大雅地围着偶像乱舞而震怒。但是我们必须放弃这种解释，因为它会让我们等待着摩西在下一刻一跃而起，摔碎法版，实施复仇。然而这种理念与石像的设计背道而驰。这座石像与其他三（抑或五）座石像合在一起，构成尤里乌斯二世陵墓的一部分。我们现在可以再看一下已被我们放弃的那种解释，因为我们重构的摩西，既不会跃起，更不会甩开法版。我们眼前所看到的，不是剧烈行动的开始，而是已发生行动的延续。在大发雷霆之初，摩西充满行动的欲望，想一跃而起去复仇并忘了法版在手；但他战胜了复仇的诱惑，仍然静静地端坐在那儿，只在心中凝聚起愤怒，痛苦中带着鄙视。他决不会将法版摔向地面，使其粉身碎骨，因为正是考虑到法版，他才控制住了自己的愤怒；为了保护法版，他才控制住自己的情感。如若为了满腔怒火和义愤一泄了之，他就必然会忘记法版，抽回那只拿着法版的手。结果是法版滑落，随时有摔碎的危险。这一点使他头脑清醒。他想起了自己的使命，为此克制住了感情的膨胀。他的手又回到原处，在法版就要落地之前，护住了失去支撑的法版。他以这种姿态岿然不动。米开朗琪罗选取这一姿态，把他塑造成陵墓守卫者。

如果我们将目光沿石像往下看，就会发现它表现了三种不同的感情层次。面部线条，反映趋于强烈的感情；石像中部，显出克制行动的痕迹；脚仍然保持前伸的姿态，好像一股控制力自上而下地传导。到目前为止，我们尚未提到左臂。它似乎应该在我们的解释中占有一席。左手轻柔地放在腿上，爱抚般地握住下飘着的胡须末端。这只手似乎想抵消刚才右手虐待胡须所采取的暴力。

在此一定有人反对说，这位毕竟不是《圣经》中的摩西，因为那位摩西确实大发雷霆，并把法版摔得粉碎。这位摩西想必是大不相同，是艺术家理念中的新摩西；因此，米开朗琪罗一定曾想重修圣书，篡改那位圣人的性格。我们可否想象他如此胆大妄为，竟敢采取亵渎神明（blasphemy）的行为？

《圣经》中有描写摩西看见金犊场面时的行为（《出埃及记》第32章第7节），引述如下：

> 耶和华吩咐摩西说："下去吧！因为你的百姓，就是你从埃及地领出来的，已经败坏了。（第7节）他们快快偏离了我所吩咐的道，为自己铸了一只牛犊，向它下拜献祭，说：'以色列啊！这就是领你出埃及地的神。'"（第8节）耶和华对摩西说："我看这百姓真是硬着颈项的百姓。（第9节）你且由着我，我要向他们发烈怒，将他们灭绝，使你的后裔成为大国。"（第10节）摩西便恳求耶和华他的神说："耶和华啊！你为什么向你的百姓发烈怒呢？这百姓是你用大力和大能的手从埃及地领出来的……"（第11节）
>
> 于是耶和华后悔，不把所说的祸降与他的百姓。（第14节）摩西转身下山，手里拿着两块法版；这版是两面写的，这面那面都有字。（第15节）是神的杰作，字是神写的，刻在版上。（第16节）约书亚一听见百姓呼喊的声音，就对摩西说："在营里有争战的声音。"（第17节）摩西说："这不是人打胜仗的声音，也不是人打败仗的声音，我所听见的，乃是人歌唱的声音。"（第18节）摩西挨近营前，就看见牛犊，又看见人跳舞，便发烈怒，把两块版扔在山下摔碎了。（第19节）又将他们所铸的牛犊用火焚烧，磨得粉碎，撒在水面上，叫以色列人喝……（第20节）
>
> 到了第二天，摩西对百姓说："你们犯了大罪，我如今要上耶和华

那里去，或者可以为你们赎罪。"（第30节）摩西回到耶和华那里说："唉！这百姓犯了大罪，为自己作了金像。（第31节）倘或你肯赦免他们的罪……不然，求你从你所写的册上涂抹我的名。"（第32节）耶和华对摩西说："谁得罪我，我就从我的册上涂抹谁的名。（第33节）现在你去领这百姓，往我所告诉你的地方去。我的使者必在你前面引路，只是到我追讨的日子，我必追讨他们的罪。"（第34节）耶和华杀百姓的缘故是因他们同亚伦作了牛犊。（第35节）

根据现代对《圣经》的批判来读上篇，不可能发现不了这完全是由不同来源的说法，漏洞百出地拼凑而成。第8节中，上帝晓谕摩西，他的人民已经堕落，为自己铸造了偶像；摩西为那些做坏事的人求情。而他跟约书亚说话时，却摆出对此好像一无所知的样子（第18节）。只是在见到膜拜金犊的场面时，才突然感到震怒（第19节）。在第14节里，他已从上帝那里为自己犯了罪的人民求得了宽恕。而在第31节里，他却又上山恳求宽恕。他向上帝讲述自己的人民犯了罪，并确信上帝会推迟对他们的惩罚。第35节提到上帝给予他的人民以惩罚，但未做更多介绍；而在第20—30节里却描述了摩西本人所做出的惩罚。众所周知，《圣经》历史故事中，涉及《出埃及记》的部分，更是充满着明显的不一致和自相矛盾。

文艺复兴时期自然不会以这种批判态度来对待《圣经》的文本，而是把它当作连贯的整体加以接受。这就使得以上存有疑问的段落，不能成为艺术表现的最佳主题。按照《圣经》的说法，摩西已经获得神谕，他的人民对偶像顶礼膜拜。他自己已站在了调和、宽恕的立场上；然而当他亲眼看见金犊和乱舞的人群时，却突然盛怒不已。因此，我们丝毫不奇怪，艺术家会出于自己内在的动机偏离钦定的文本，去表现主人公对那一令人心痛的惊愕之事的反应。再说，对艺术家而言，只要有些微借口，偏离经文并非反常或绝对不允许。由其故乡收藏的帕尔米贾诺（Parmigiano）的名作将摩西刻画成坐在山巅，把两块法版扔向地面，尽管《圣经》明确地说摩西"在山下"砸碎了法版。甚至，坐着的摩西，在《圣经》里也找不到证据。这似乎印证了那些评论家的论断：米开朗琪罗雕刻这座像的用意不是记录这位先知一生中某个特定时刻。

根据我们的推测，比对《圣经》经文不忠更严重的是，米开朗琪罗改变了摩西这个人物的性格。传说和传统中的摩西脾气暴躁，喜怒无常。他曾因盛怒之下杀了一个虐待以色列人的埃及人，而不得不逃到荒郊野外；在同一种坏脾气下，他又摔碎了上帝亲自刻写的大法法版。与这一个性相吻合的是，传统毫无取舍地保留了人们对这位曾经活在人世的伟人的印象。但是米开朗琪罗却在教皇的陵墓上放置了一个不同的摩西，一个超越历史或传统形象的摩西。他修改了打碎法版这一主题，没让摩西在盛怒之下打碎法版，而是让摩西在想到法版有破碎的危险时，平息了自己的怒火，或者不管怎么说，阻止了怒火变成行动。这样，他就给《摩西》石像添加了某种超越人类的新内涵，从而使一个有着无限体力的巨人形象，成为只有人才能达到的最高精神境界的具体表现，成为为了自己所献身的事业而同内心情感成功抗争的具体表现。

现在，我们已完成了对米开朗琪罗的《摩西》石像的解释。但我们还是可以接着追问，是什么动机促使雕塑家选择摩西——而且是改变了的摩西——这个人物，作为尤里乌斯二世陵墓的装饰。在许多人的思想中，这些动机可以从教皇的性格，以及米开朗琪罗与教皇的关系中找到。在这一点上，尤里乌斯二世和米开朗琪罗有着相似之处：他们都想实现伟大辉煌的目标，特别是在宏大的设计上。尤里乌斯二世是一位爱好行动的人。他的目标是，将整个意大利统一在教皇的无上权威下。他单枪匹马，想把数百年来没有的事情变成事实，后来还是通过联合众多外国武装才达到了目的；在任教皇的短暂时间里，他独断专行，飞扬跋扈，采取了一些过激的暴力手段；他应该会欣赏与他同属一类人的米开朗琪罗，但他动辄发怒，毫不考虑他人。这使得艺术家变得非常谨慎。艺术家本人也感到内心有着一种强烈的意志力，而且作为更为内省的思想家，他可能会预见到他们两人命中注定的失败。于是他在教皇的陵墓上凿刻了他的摩西，以示对故去教皇的责备，同时作为对自己的训诫。通过自我批判，艺术家也因此使自己的人性得以升华。

第四章

　　1863年，英国人沃基斯·劳埃德（Watkiss Lloyd）专门就米开朗琪罗的《摩西》写了一本小册子。我有幸得到了这本仅46页的短论，怀着复杂的心情读完了它。我再次有机会亲身体验即使在一件极其严肃的大事中，我们的思想和行动中都会渗入那么无足轻重和幼稚的动机。我的第一个感受是遗憾。那位作者居然预见了我的那么多想法。对我来说，这些想法非常宝贵，因为它们都是我自己努力的结果；转眼间，我又能够感到开心了，因为作者无意中证实了我的想法。当然，在一个重要论点上，我们的观点存在着分歧。

　　劳埃德首先谈到，一般人对这尊石像的描述是不正确的。摩西不是要站起来，右手没想抓胡须，只有右食指放在了胡须上。劳埃德也承认（这一点更加重要），只有对前一个（并没有表现出来的）动作进行假设，才能解释现在刻画的这一姿态。左边的胡须被拉向右边，表明右手同左边的胡须先前有着更紧密、更自然的接触。但是对手和胡须间必须假定的接触，他却提出了另一种重构方式。在他看来，并非手插入了胡须，而是胡须一直就在现在放手的那个地方。他说我们必须想象，石像的头部在受到突然干扰之前是转向右侧的。当时，他的右手和现在一样握着法版。法版压住手掌，使得手指在飘逸的须卷下自然张开。头部突然转向另一边，致使一部分胡须被静止的手绊住片刻，而且致使须卷缠绕。这可以看作过程的迹象——用劳埃德自己的话说是"尾迹"（wake）。

　　劳埃德抛弃了另一种可能（右手同左边的胡须有过接触），却让自己受到另一种考虑的影响。那种考虑与我们的解释真的非常接近。他说，即使在最激动的时候，这位先知也不可能伸出右手把胡须拉向右侧，因为那样做会使他的手指处在完全不同的位置；况且这一移动会导致法版下滑，因为它们仅仅靠着右臂压力的支撑。除非摩西在最后时刻去奋力拯救它们，不然我们就认为法版被"十分笨拙地抓着，真可以看成是亵渎神明了"。

　　要发现这位作者忽略了什么并不难。他将胡须的反常状态，正确地解释为此前移动的标志。但是他忘记了用同样的解释，去说明法版位置上那些不

06 米开朗琪罗的《摩西》　161

太反常的细节。他仅仅考证了与胡须有关的资料，却没有考证那些与法版有关的资料，因为他认为法版处于原始状态。我们则是通过对某些不重要的细节加以考证，获得了有关整体形象的意义和目标的意想不到的解释。这样，他就得不到和我们相同的认识。

  但是，假如我们俩都误入歧途了呢？假如对待艺术家并不在乎、随意添加的细节，对待艺术家出于某种纯粹形式的考虑所设计的不附带任何意图的细节时，我们俩都采取了过于严肃和深沉的态度呢？假如我们俩和许多诠释家的命运一样，都自以为看透了艺术家有意或无意的企图呢？我说不清楚。我说不清楚是否有理由认为，米开朗琪罗——一位在作品中蕴含了丰富思想的艺术家——真的那么想追求精确。考虑到我们所讨论的石像上独一无二的醒目特征，我尤其说不清楚，能否做出这样的假设。最后，请允许我谦卑地指出，对于作品中的不明之处，艺术家和诠释家都有责任。米开朗琪罗经常尝试艺术表现的极限；如果他的目的是想在随后的平静中留下激烈感情曾经得到宣泄的痕迹，那他在这尊《摩西》石像的创作中也许并不十分成功。

07 《诗与真》中的童年回忆

"如果努力回忆自己童年早期的经历,我们常常发现会将来自他人的所闻与源自自身经历的所见混淆起来。"这句话见于歌德60岁时开始撰写的自传的首页。句前有一些他的出生信息——"生于1749年8月28日正午12点整"。彼时五星连珠,让他命不该绝。因为,刚到人世时的他"好像死的一般",费尽九牛二虎之力,他才被挽救过来。随后是对家的简短描述。这里是孩子们——他和妹妹——最喜欢的游戏场所。然而,歌德的妙笔此后实际上只单单涉及一件事情。这件事可以算作发生于"童年最初期"(最多4岁?),而且他对这件事似乎有着自己的记忆。

事情叙述如下:"同街有三位兄弟(姓冯·奥奇森斯坦)非常喜欢我;他们是已故治安官的孩子,对我很感兴趣,常以各种方式来戏弄我。

"我家人常常喜欢开各种各样的玩笑,以此来鼓励我,除此以外他们都是一本正经很不合群的人。我只举其中一例。陶器集市刚刚结束,他们不仅为厨房添置好了未来一段时间里所需的一切,还为我们孩子们购买了同款的餐具小玩具。一个晴朗的下午,家里一片安静,我正在厅里(前面说过这个地方,敞向大街)玩盘子和锅子。""因为这么玩也没什么结果,我便把盘子扔向大街,欣喜若狂地看着盘子摔成碎片。看到我很开心,欢快地拍着小手,冯·奥森斯坦兄弟们便大声喊着:'再来一个!'我不假思索地就将一只罐子扔向铺路石上。他们随后就不停地喊'再来一个'。就这样,一只又一只,我把所有的锅碗瓢勺全扔了出去。我的邻居们继续喝彩,我很高兴能取悦他们。但是,我的玩具全扔完了,他们还是一个劲地喊着'再来一个'。于是,我径直跑进厨房，拿来陶瓷大盘。它们摔成碎片时，场面更壮观了。我就这样奔来跑去，从碗柜里拿了一只又一只盘子；因为他们一直没看够，我也就把我能拿的每一只陶盘子都摔碎了。直到后来才有人前来干预，制止了这一切。破坏已经造成，为了弥补摔碎这么多盘子的过失，至少还有一个有趣的故事。这件事的煽动者就是那几个小浑蛋，他们一辈子都对此津津乐道。"

没做分析的时候，人们对于这一讲述可能只是读读而已，不会有片刻的停顿乃至惊讶，但后来分析之心跃跃欲试起来。我们对童年早期记忆已形成明确意见和期望，很想说它们无论何时何地都是真实的。孩子生活中哪个细节没被人们遗忘，这本身就不是一件可以忽略或完全没有意义的事。恰恰相反，可以因此推测在整个生命周期中，记忆中幸存的内容无论当时是否具有相当的重要性，抑或由于后来事件的影响而获得了相应的重要性，都是最有意义的元素。

这种儿时回忆有很高的价值，但只有在少数情况下才显得真实而又明显。一般来说，这些记忆似乎是淡漠的，甚至毫无价值，从一开始就令人不可理解为什么恰恰是这些记忆顶住了健忘；将这些内容当作自己记忆储存的一个部分而加以保存多年的人，并不一定会比听他讲述的陌生人从这些记忆中所见的更多。在它们的意义得到认识之前，一定的诠释工作是必要的。这一诠释要么表明它们的内容需要由其他内容加以取代，要么揭示它们与其他一些绝对重要的经验有关，并以所谓的"屏幕记忆"出现在它们的位置上。

在每一次对生活史的精神分析研究中，总是有可能沿着这些主线来解释童年早期记忆的意义。其实，患者优先考虑并用来介绍自己的记忆，往往是最重要的，是打开他心灵秘密之页的关键。但是，在《诗与真》中讲述的孩子的经历，并没有达到我们的预期。患者诠释的方式和手段，我们在此当然不得而知；这一经历本身似乎没有表明与日后的重要印象之间存有任何可加追溯的关联。在外界鼓动下做出的对家庭经济产生破坏性影响的恶作剧，是歌德向我们讲述的他富裕生活中的无疑是不合适的事情。这种儿时记忆总让人有种既纯真又不恰当的感觉，可以当作一种告诫，警示我们不要过分夸大精神分析的主张，也不要将其应用于不合适的地方。

因此，这个小问题本来早已从我的脑海中消失了，有一天却突然冒出个患者来。在他身上，类似的童年记忆以一种更清晰的关联显露了出来。他27岁，受过高等教育，资赋优异，而当时的生活充满了与母亲的冲突，母亲影响了儿子所有的兴趣。这人的爱和独立生活的能力受到了极大的消极影响。这场冲突可以追溯到他的童年，当然是他4岁时。此前，他非常虚弱，总是生病，然而那段病恹恹的时期在他的记忆中被美化成了天堂。因为，那时他毫无间断地独占了母亲的钟爱。他不到4岁时，一个现在还活着的弟弟出生了。作为对那件烦人事情的反应，他变成了一个让妈妈永远不得宁静的犟头倔脑、难以管教的孩子。此外，他再也没有走上正路。

他曾来找我进行治疗。他的母亲是宗教偏执狂，对精神分析怀揣恐惧，这绝对是他来找我的一个原因。当时，他对弟弟的嫉妒早已淡忘。这种嫉妒其实曾表现为对摇篮中的婴儿给予致命攻击。他现在对弟弟真是关怀备至；但是，他的某些奇怪的偶然行为（包括突然严重伤害自己喜爱的动物，如精心饲养的运动犬或鸟），可以理解为是他对弟弟敌意冲动的反响。

现在这位患者说，大约在他非常痛恨那个婴儿的时间里，他把自己能抓到的陶器都从乡下房子的窗户里扔到路上去了。这和歌德在《诗与真》中讲述的童年轶事简直是一模一样！我可以说，这位患者是外国人，对德国文学不熟悉，从没有读过歌德自传。

这种相通之处自然让我觉得，可以试试根据我的患者所讲述的内容线索，来解释歌德的童年记忆。但是否能证明这种解释的必要条件存在于诗人的童年？确实，歌德本人认为，冯·奥森斯坦兄弟的摇旗呐喊要为他幼稚的恶作剧负责。但从他自己的叙述中可以看出，这些成年邻居只是鼓动他不歇手地接着扔而已。开始是他本人很主动，而他为这个开始给出的理由是"因为这么玩也没什么结果"，因此可以毫不穿凿附会地肯定，他承认在写下这句话的时候，也可能是许多年前，他不知道自己的行为有什么恰当的动机。

众所周知，约翰·沃尔夫冈和他的妹妹科米莉亚，是一个孩子们都很弱不禁风的大家庭中幸存下来的哥哥和姐姐。汉斯·萨克斯博士一直很热心，向我提供了歌德童年时就去世的弟弟妹妹们的情况：

（甲）赫尔曼·雅各布，1752年11月27日星期一受洗；已满6岁半；1759年1月13日安葬。

（乙）凯瑟琳·伊丽莎白，1754年9月9日星期一受洗；1755年12月22日星期四安葬（1岁4个月大）。

（丙）约翰娜·玛利亚，1757年3月29日星期二受洗，1759年8月11日星期六安葬（2岁4个月大）。——（哥哥无疑对这位非常漂亮迷人的小妹妹一直赞不绝口）

（丁）乔治·阿道尔夫，1760年6月15日星期天受洗；1761年2月18日星期三安葬（8个月大）。

歌德的倒数第二个妹妹，科尼丽亚·弗里德里柯·克里斯蒂娜，1750年12月7日出生，当时他已15个月大了。这个年龄上的微小差别几乎排除了她成为嫉妒对象的可能性。众所周知，当他们的感情觉醒时，孩子们是不会对早已经存在的兄弟姐妹产生非常强烈的反应，而是将敌意指向新人。我们正在努力解释的这一场景，也无法与科尼丽亚出生时或出生后不久歌德的小小年纪相调和。

第一个小弟弟赫尔曼·雅各布出生时，约翰·沃尔夫冈3岁3个月大。大约两年后他5岁时，第二个妹妹出生了。在确定扔陶盘这件事的时间上，这两个年龄段都要加以考虑。也许较早些的时间更可取，与我患者的情况能很好地吻合。弟弟出生时，他大约3岁3个月大。

此外，歌德的弟弟赫尔曼·雅各布（正是因为他，我们才想做这番诠释）并不像后来出生的那几个孩子，他只得到家人短暂的照料后就离世了。这本自传没有一句怀念他的话，这让人多少有些惊讶。[1]他活到6岁多，去世时，约翰·沃尔夫冈快10岁了。赫希曼博士非常热心，将这一内容的笔记供我使用。他说：

"歌德也一样，一个小男孩看到弟弟死了，毫无哀悼之情。至少，根据他母亲贝蒂娜·布伦塔诺的说法：'他对弟弟的死没掉一滴泪，这让她感到非常地出奇，雅各布可是整天和他一起玩呀；恰恰相反，他似乎对父母和妹妹们

---

1 [增注，1924]我借机收回本不该说的一句错话。在第一卷后面的一篇中，弟弟确实提到过，也加以描写过。这与关于童年重病的记忆有关，这个弟弟遭受的病痛也"不是一点点"，"他是个娇弱的孩子，文静和任性，我们彼此从来没有很大关系。此外，他连婴儿期都没活完"。

的悲痛感到恼火。后来，他母亲问这个小叛逆者是否不喜欢弟弟。他跑进自己的房间，从床下拿出一摞纸，上面写着功课和小故事，说自己这样做是为了教弟弟。'看来当哥哥的都很喜欢给小弟弟当父亲，喜欢表现自己的优越。"

因此，可能会形成这样一种观点：把陶器扔出窗外是一种象征行为，或者更准确点说，一种**法术**行为。通过这种行为，孩子（歌德和我的患者）表达了一个强烈愿望，他想摆脱令人不安的入侵者。根本没有任何必要去争论孩子砸碎东西是否快乐，如果一种行为本身是开心的，那它不是一种障碍，而是为服从其他目的而重复这一行为的一种诱因。然而，不太可能是摔摔打打带来的快乐使孩子的恶作剧在成年记忆中经久不衰。也一定没人反对通过再增加一个要素，使行为的动机复杂化。打碎陶器的孩子很清楚自己在做一些淘气的事情，大人会责骂他。而且，如果心中明白行为却不受约束，那么他很可能是在宣泄对父母的怨恨；他想表现自己的淘气。

如果孩子只是把易碎品就这么扔在地上，那么打打砸砸和满地碎渣的乐趣也是可以得到的。将这些东西使劲从窗户扔出去摔到大街上，这一行为却仍然无法得到解释。这个"出去！"似乎是法术动作的一个重要组成部分，直接从其隐义中产生。新生儿之所以必须从窗户被赶出去，也许是因为他是从窗户进来了。因此，整个行动就等同于我们早已熟稔的关于孩子的一个语言反应。他曾听说鹳带来一个弟弟，因此"鹳可以将他再带走啊！"——这就是他的判决。

尽管如此，对于反对将童年时期某一行为的解释建立在一条单一平行线基础上的意见（所有内在不确定性都除外），我们并非视而不见。因为这一原因，我多年来一直隐藏着自己关于《诗与真》中小场景的理论。后来有一天，我来了一位患者。他的分析始于下面这些话，我一字不差地记录下来："我是一个有八九个孩子的大家庭中的长子。[1] 我最早的记忆之一是，父亲穿着睡衣坐在床上，笑着告诉我，我要有弟弟了。那时我3岁9个月大；这就是我和排在我后面的弟弟的年龄差。我也知道，不久之后（抑或一年

---

[1] 一个引人注目的人物的一个瞬间错误，可能是由想除掉弟弟这一昭然若揭的意念的影响引起的。（参见费伦齐的《论分析过程中的短暂症候》，1912）

前？）[1]我扔了很多东西，一些刷子（或者只是一把刷子？）、鞋子和其他东西，从窗户扔出去摔到大街上。我还有一段更早的回忆。2岁时，我在去萨尔茨卡默古特的路上，我和父母在林茨的一间酒店卧室里住了一晚。我晚上很不安分，吵得父亲不得不打我。"

听了这番陈述，我将所有疑问都抛诸脑后。在分析中，两件事一件紧接着一件地提了出来，好比呼吸，我们必须把这种相连相随理解为思想上的某种联系。因此，仿佛如患者所言，"因为我想我有了个弟弟，不久之后，我把这些东西扔到了大街上。"把刷子、鞋子等扔出窗外的行为，必须当作对弟弟出生的一种反应。在这个例子中，扔出去的东西不是陶器，而是其他东西，很可能孩子当时能够拿到什么就扔什么了，这也算不上是件遗憾的事。——把东西使劲扔出去（从窗户扔到大街上）因此是行为中的本质内容，而砸碎及其噪音带来的快乐以及对之"行刑完毕"的物体类别，则是变量和非本质要点。

当然，有着思想上的某种联系这一原则，也一定适用于患者的第三个童年回忆。尽管放在这一连串短记忆之尾，这一回忆却是最早的事。这很容易做到。这个2岁孩子之所以那么不安分，显然是因为他不能忍受父母睡在一张床上。在旅途中，毫无疑问，孩子不可避免地成为这件事的目击者。在那个嫉妒的小男孩身上激起的感情，使他对女人形成挥之不去的怨恨，并终身干扰了他爱情能力的发展。

做过这两个观察后，我在维也纳精神分析学会的一次会议上表达了自己的观点：同样的事情在幼儿中可能并不少见；作为回应，冯·胡戈-海尔穆德女博士（Frau Dr. von Hug-Hellmuth）给我提供了两个进一步的观察供我使用，我在这里附上。

一

"大约3岁半时，小埃里克突然有了将不喜欢的东西扔出窗外的习惯。

---

1 这一怀疑出现在交流的关键点上，目的是做内心抵抗，但很快就由患者自己撤回了。

然而，他也扔那些并没妨碍且与他无关的东西。在父亲生日那天，他，一个3岁4个半月大的孩子，从厨房里抓起一根沉重的擀面杖，拽进起居室，从公寓四楼的窗户扔到了大街上。这事几天后，他把厨房里的一根杵和父亲的一双沉重的登山靴给扔了出去。这双鞋，他可是先要从橱柜里拿出来的。"[1]

当时，他母亲在怀孕七八个月后流产了。此后，孩子"既讨喜又文静，乖巧得好像完全变了样"。在妈妈怀孕五六个月的时候，他不断对母亲说："妈妈，我要跳到你的肚子上。"或者说："我要把你的肚子推进去。"在流产前的10月，他说："如果我必须有个弟弟，那至少要等到圣诞节以后才行。"

二

"一位19岁的年轻女士不由自主地告诉我，她最早的记忆是这样的：'我看到自己，非常淘气，坐在餐厅的桌肚下面，正准备爬出来。我的那杯咖啡就在桌上——瓷杯上的花纹依旧历历在目——我正要把它从窗户扔出去，奶奶走进了房间。

"'因为，说真的没人来惹我烦，当时咖啡表面已结了一层皮。我总觉得，这件事绝对可怕，现在仍然如此。

"'那天，比我小2岁半的弟弟出生了，因此没人有空来照料我。

"'他们总是跟我说，那天我受不了。说我晚饭时把父亲最喜欢的杯子扔在地上，将自己的连衣裙弄脏了好几次，从早到晚都在发脾气。愤怒中，我还将一个浴娃撕成碎片。'"

这两件事几乎不需要评论，无须进一步分析它们就都能成立：孩子对对手预期的或实际的出现所感到的那种苦涩，在将东西扔出窗外等淘气和破坏行为中得到了表达。第一种情况中，"重东西"可能象征着母亲本人。只要新生婴儿还没出现，孩子的愤怒就会指向母亲。这个3岁半的男孩知道母亲怀孕这件事：毫无疑问她已经将孩子弄进了自己的身体。在此，人们可能又

---

[1] "他总是挑重东西拿。"

会想起"小汉斯"[1]和她对满载的货车的特别恐惧。[2]第二种情况中,儿童的年龄非常小,才2岁半,很值得注意。

如果现在回到歌德的童年记忆,并将我们认为是通过对其他孩子的观察所得到的那一切,放回《诗与真》中它应有的所在之处,一段以其他方式无法发现的完全恰当的思绪就会浮现出来。应该是这样的:"我是个有福气的孩子;虽然来到人世时好像死的一般,但运气不但保全了我的小命,还除掉了我的弟弟,这样我就不必与他共享母爱。"然后,思绪就转到了早年亡故的另一个人身上,即在家中某处默默存在着的友善亡灵——奶奶。

然而,我在别处早已说过,如果一个人是他母亲无可争议的宠儿,他一生都会保持那种胜利的感受,以及对成功的信心,哪怕这种信心并不会真的带来成功。歌德很可能会给自己的自传加上这样的题头:"我的力量源自我与母亲的关系。"

---

1 参见《对一个五岁儿童的恐怖症的分析》(1909b)。
2 不久前,一位50多岁的女士向我进一步证实了这一怀孕象征的意义。小时候常有人告诉她,当她还不会说话时,只要有满载着家具的货车沿街经过,她就会非常激动地把父亲拽到窗前。结合有关他们住过的那个房子的其他回忆,她当时还不到2岁9个月,这一点很可能是成立的。大约在那时,她的大弟弟出生了。由于家中添丁,他们搬家了。大约就在同一时期,她常常在临睡前惊恐地感到,有一个怪异的大家伙向她走来,"她的双手变得那么厚实"。

08 论幽默

在我的《笑话及其与无意识的关系》(1905c)一书中,我实际上只是从经济学角度来思考幽默。我的目的是要发现从幽默中获得的快乐之源,认为自己能够展示幽默之乐源自感情支出经济学中的产出。

幽默过程可能有两种发生方式。一人抱着幽默态度,而另一人则扮演享受其中的观众,幽默由此发生;或者在幽默过程中,一人根本就没参与其中,却成了另一人幽默沉思的对象,幽默由此发生。举个最粗俗的例子:某个周一,有个罪犯在被押上绞刑架时说:"好吧,本周有了个良好开端。"他亲自弄了点幽默;幽默过程是由他自己完成的,显然给了他某种满足感。我虽是听者而非参与者,却可以说在远处也受到了罪犯幽默产出的感染,觉得也许和他一样,感受到了幽默之乐的产出。

我们拥有关于第二种方式的例子:作家或叙述者以幽默的方式描述真实的或虚构的人的行为时,幽默就产生了。这些人不需要亲自表现出任何幽默;幽默态度完全是将他们当作对象的那个人的事;而且,和先前的例子一样,读者抑或听者分享着幽默之乐。综上所述,我们于是可以说,不管包含着什么,幽默态度既可指向主体自己(self),也可指向他人;可以假设,幽默态度会给接受幽默的人带来愉悦,同样的愉悦也会降临到旁人即非参与者身上。

如果对旁听幽默的那位听者的心理过程加以考虑,我们就会充分理解幽默快乐的产出之源的发生。他看到这位旁人身处某种情景,而这一情景使得听者期盼着对方能表露出某种情绪反应的迹象,就是说他会生气、抱怨、诉苦、害怕，甚至可能是绝望，而旁观者抑或听者准备沿着他领的这个头，在自己身上唤起相同的情感冲动。但这种情感期待落空了，对方没有表露出任何情绪反应，只是开了个玩笑。省略的情感支出在听者心中变成了幽默之乐。

解释到此还算容易。但我们很快就提醒自己，发生在旁人即"幽默家"（humorist）身上的心理过程，更值得重视。幽默的本质无疑是一个人没有形成特定情景下自然引起的情绪反应，并用玩笑排除了这类情绪表露的可能。只要这种情况继续下去，幽默家的心理过程就一定与听者的心理过程吻合；或者更准确地说，听者的心理过程一定是幽默家心理过程的翻版。然而，后者又是如何形成那种使得情绪反应的释放变得多余的心理态度的呢？采取这种"幽默态度"的机制都有哪些呢？显然，这一问题的解决之道要在幽默家这一方寻找；在听者那一方，我们必须假设，只存在这个未知心理过程的回音（echo）或翻版（copy）。

是时候让我们了解一点幽默的特点了。和笑话、喜剧一样，幽默有着某种令人释怀的方面；还有某种宏大而又高尚的方面，这是从智力活动中获取快乐的其他两种方式所欠缺的。它的宏大显然在于自恋（narcissism）之胜出，即对本我之坚不可摧性（ego's invulnerability）的战胜主张。本我拒绝因现实的刺激而倍感哀伤并因此而被迫受伤。本我坚持使自己不受外界创伤的影响；其实，这种创伤（traumas）显然不过是本我获取快乐的机遇。这最后一个特点是幽默中相当本质的一个要素。让我们假设那个将在周一遭到处决的罪犯说："我不担心。说到底，吊死我这种人又有什么关系呢？世界并不会因此完蛋。"我们应该承认，这种话其实同样也彰显出凌驾于现实情景之上的高高在上的心态；话虽然既明智又真实，它却没有流露出丝毫的幽默。确切地说，这句话的基础在于对现实的评价，而现实却与幽默做出的评价背道而驰。幽默并未认输，且具叛逆性；它不仅象征着本我的胜出，还象征着快乐原则（pleasure principle）的胜出；此时此地的快乐原则能够与现实环境的残酷相抗争。

拒绝现实主张和贯彻快乐原则这两大特征，使幽默近似精神病理学中引起我们全面重视的倒退过程（regressive process）或逆动过程（reactionary process）。它能抵消遭受痛苦的可能性，因而跻身于人类心灵为躲避主动受苦的强迫行为而构建出的大量方法之列；这类受苦的问题始于神经症并以疯狂（madness）而登峰造极，包括如痴如醉、全神贯注和欣喜若狂等。由于这层关系，幽默拥有例如笑话中荡然无存的尊严，因为笑话要么只是为了获得所产出的快乐，要么是使获得者为了达到冒犯目的而去设置快乐的产出。幽默态度既然是一个人拒绝受苦，来强调现实世界是不可能战胜人之本我的，以及以胜出的方式维系快乐原则；这一切与其他有着相同目的的方法相比，均未超出精神健康的界限。而这两项成就却似乎互不兼容。那么，这样的幽默态度是由什么构成的呢？

如果我们来看一下一个人在什么情形下会对他人采取幽默态度，那么我在那本谈论笑话的书中提出的一个论点就立即显露了出来：受试者对待笑话的行为，犹如成人认识到了一个孩子的小小爱好和小小痛苦，并一笑置之；而这种行为好像又是如此的了不起！因此，幽默家会通过扮演成人角色，通过某种程度上将自己与父亲认同，并且将他人降格为孩子，而获得高人一等的感觉。这一观点虽然很可能涵盖了事实，但似乎不具结论性。人们心想，到底是什么使得幽默家硬要扮演这一角色呢？

但我们必须回忆一下另一种可能更重要的幽默场景。在这种幽默场景下，一个人对自己采取幽默态度以抵御受伤的可能。有人将自己当作孩子，同时又扮演高人一等的成年人角色来对待那个孩子，这说得通吗？

这一不太合理的想法却得到了有力的支持。我想是不是要考虑一下我们从本我结构的病理观察中了解到的那一切？这个本我并非一个简单实体，而是其内在的一个核心，即超我（superego）这一特殊的能动性（agency）。有时它与超我合二为一，所以我们无法将其区分开来；而在其他情况下，它与超我又截然不同。从基因层面讲，超我继承了双亲的能动性（parental agency），经常让本我处于严格的依赖关系中，却又真的把它当作从小就带孩子的父母或父亲。因此，假定幽默态度在于幽默家从其本我中撤出精神重点（psychical accent），并置之于自己的超我之上，我们就可以对这一态度做动态解释。对因此膨胀了的超我而言，本我可能显得微不足道，其爱好也都是些鸡毛蒜皮；随着能量的重新分布，超我抑制本我做出可能的反应，就变得易如反掌了。

为了忠实于我们惯用的措辞，我们必须提到的并不是转置（transposing）精神重点，而是置换（displacing）大量的投注（cathexis）。然而，问题是我们是否有资格去想象，从一种精神结构（mental apparatus）到另一种精神结构的这种广泛置换？这倒像是一个特设（ad hoc）创建的新假说。然而，我们会提醒自己，在试图对心理事件进行元心理学描述的过程中，我们已反复地（即使还算不上是经常地）考虑了这类因素。因此，举例说，我们假设普通的情欲对象投注（object-cathexis）有别于相爱状态。区别在于，后者中更多的投注无与伦比地传递到了对象上，而本我好像偏爱对象因而清空了自己。研究偏执狂（paranoia）的一些案例时，我能够确定这样一个事实，即迫害念头形成较早，并在不知不觉中长期存在；终于由于某种突如其来的情况，这些念头受到足够多的投注而终成主导。这种妄想症发作（paranoic attacks）的治疗方法，与其说在于解决和纠正妄想念头，不如说在于从这些妄想念头中抽掉一直给予它们的投注。忧郁和躁狂之间的交替，超我对本我的无情压制和压力后本我的解放之间的交替，皆表明了这种投注的转变；此外，可以用这种转变来解释正常精神生活的一系列现象。如果到目前为止如此作为的程度还非常有限，那是由于我们一贯的谨慎，这是值得赞扬的。我们很有把握的领域在于精神生活病理学；我们正是在这里进行观察，并获得我们坚定的信念。就目前而论，只有对病理物质在孤立和扭曲之中的那些正常情况做出理解后，我们才敢对正常心理做出大胆判断。一旦克服了这种犹豫不决，我们会认识到，静态条件和积极投注量的动态变化，将大大有助于对心理过程的理解。

因此，我想有这样一种可能，即受试者在特定情况下突然矫枉过正，过分投注自己的超我，接着改变了本我的逆动。这一可能性是值得保留的。此外，我所说的关于幽默的这一切，在同类笑话中可以找到惊人类比。对于笑话的由来，我不禁要假设有一个前意识思想暂时交由无意识修正。因此，笑话是无意识对喜剧做出的贡献。同样，**幽默也是通过超我的能动性对喜剧做出的贡献。**

在其他方面，我们知道超我是个严厉的主子。可以说，它不符合超我屈尊自己去让本我获得一点点快乐这样一种性格。幽默之乐确实从未达到喜剧或笑话中的快乐强度，因而从未在爽朗欢笑中得到宣泄。还有一个事实是，在形成幽默态度时，超我其实是在否定现实、服务妄想。但是（却不知道为什么），我们认为这种不那么强烈的快乐具有很高价值，觉得它特别具有解放性和提升力。此外，幽默所作的玩笑并非本质要素，它仅具有初步值而已。重点在于幽默要实现的那个意图，不管它是否关乎自己或他人。它的意思是："看！这是一个看起来很危险的世界！它只不过是给孩子们玩的一个游戏——值得开个玩笑而已！"

如果真的是超我在开玩笑中对受到恐吓的自我（intimidated ego）说了如此亲切的安慰话，这就告诉我们：关于超我的本质，我们还有很多东西要了解。而且，不是每个人都具有幽默的能力。这是一项难能可贵的天赋，很多人甚至都没有能力去享受呈现给他们的幽默之乐。最后，就算超我努力通过幽默来安慰本我使其免受痛苦，这也并不违背它的双亲能动性之本源。

09 陀思妥耶夫斯基与弑父行为

1925年,弗罗·米勒和艾克斯坦开始出版一套陀思妥耶夫斯基全集的补编的新书,收集了作家的遗稿、未完成稿和来自各方面的有助于了解作家的性格及其作品的材料。其中一卷收录了与《卡拉玛佐夫兄弟》有关的初稿和草稿,以及一篇阐述这部长篇小说来源的文章。编辑希望说服弗洛伊德写一篇从心理学方面论述这部小说及其作者的文章,作为该书的绪论。1926年6月底,弗洛伊德开始写。同时,为了反对西奥多·赖克(Theodor Reik),弗洛伊德要出版一本非专业的精神分析学的小册子,故而又放下了这篇文章。这篇文章直至1928年秋方才付梓。

陀思妥耶夫斯基丰富的人格中有四个方面十分突出:创造性艺术家、神经症者、道德家和罪人。面对这样一种令人困惑的复杂性,我们怎样才能理出个头绪来呢?

对于创造性艺术家这一称号,世人很少有争议:陀思妥耶夫斯基的地位并不亚于莎士比亚。《卡拉马佐夫兄弟》也是迄今为止最优秀的小说;它所描写的有关宗教法庭庭长的故事情节,达到了世界文学的巅峰,如何赞美都不为过。所以,在创造性艺术家这一问题上,精神分析家还是缴械吧。

陀思妥耶夫斯基作为道德家,最容易受到攻击了。如果我们借口唯有陷入犯罪深渊的人才能够达到道德之巅,因而将他高高置于道德家之列的话,那么我们就忽视了由此引起的一个疑问。有道德的人,只要在心里感受到诱惑，就应该予以抵制，决不屈服。如果一个人先犯罪，后幡然悔悟，并树立起高尚的道德标准，这样，他便会受到外界的批评，因为他把事情变得太容易了。他尚未掌握道德的实质——弃绝（renunciation），因为生活中的道德行为是人类的一种实际利益。他使我们想起了大迁徙时的野蛮人。一个野蛮人杀人后又为此而忏悔，直到忏悔成为杀戮得以实施的一种实际手段。伊凡雷帝（Ivan the Terrible）正是以这种方式行动的；看来，对道德的妥协确是俄罗斯人的典型特征。陀思妥耶夫斯基的道德追求并非十分光彩。在经历了个人本能欲求与社会主张之间激烈的妥协之争后，他倒退到了一种既臣服俗权又臣服神权，即既崇拜沙皇又崇拜基督教上帝和狭隘的俄罗斯民族主义的立场。这种倒退是一个人不费力气、不用脑子就能达到的。这是其伟大人格中的弱点。陀思妥耶夫斯基放弃了成为人类导师和解放者的机会，成了监禁人类的同谋。对他而言，人类文明的未来没有什么可感激的。这种感觉似乎应归罪于他的神经症。他的睿智和他对人类强烈的爱也许向他开启了另一条使徒式的生活道路。

把陀思妥耶夫斯基当作一个有着原罪的人（sinner）或刑事罪犯（criminal），会激起舆论界的强烈反对。当然，这种反对也不一定就是市侩式的量罪定刑。其真实动机很快就会昭然若揭。罪犯有两大本质特征：极端的利己主义和强烈的破坏冲动。这两大特点的共同之处在于一个使其得以表现的必要条件：爱的匮乏，即缺乏对人或物的情感赏识。人们会立刻回想起陀思妥耶夫斯基表现出来的与此相反的一面——他求爱若渴，并对爱有无限的容量。这使得他应该去恨、去报复时，却去爱、去给予帮助。在他那夸张的友善中，这一切表现得淋漓尽致。他与第一任妻子及其情人的关系就是一个很好的例子。如果是这样的话，人们不禁会问，为什么要把陀思妥耶夫斯基推向罪犯之列呢？答案是，这种评价的理由来自他对写作素材的选择。他热衷的都是些暴虐行凶、自私自利的人物。这让人联想到他的内心有着某些类似的倾向；他也从自己个人生活中挑选素材。他喜欢赌博，而且承认对一名年轻姑娘有过性攻击。[1]陀思妥耶夫斯基强烈的破坏本能很容易使他成

1　见Fülöp-Miller和Eckstein（1926）关于这件事的讨论。斯蒂芬·茨威格（见下页）

为一名罪犯。在实际生活中，这种本能主要指向他本人（向内部发泄而不是向外部），这导致他既有受虐狂倾向又有自责心理。认清了这一点就容易理解他的自相矛盾的生活了。尽管如此，他的人格中还是残留着大量的施虐狂特质，表现为动辄发怒，喜欢折磨人，哪怕对他所爱的人也决不宽容。这甚至还表现在他作为作者对待自己读者的方式中。也就是说，在小事上，他对别人是个施虐狂。在大事上，他是个指向自己的施虐狂。实际上他是一个本我受虐狂（masochist），即他是一个最温和、最富有同情心和最乐于助人的人。

我们从陀思妥耶夫斯基的复杂人格中，挑选出三个因素：一个是数量方面的，另两个是质量方面的；他感情生活极其强烈，内在本能性向异常。（这一性向，使他不可避免地成为一个施虐—受虐狂或罪犯。）他还有着难以分析的艺术禀赋。即使他不患神经症，这三种因素也有可能结合在一起；确实，有人没有神经症却是受虐狂。然而陀思妥耶夫斯基的本能欲求与对这些欲求的抑制力（加上有效的升华方式）之间的力的平衡，仍可使他归入所谓的"本能性格"（instinctual character）人物。但这种情况被同时存在的神经症给抹杀了，这种神经症正如我们所说，在某些情况下并非不可避免，但如果发作的次数越多，须由自我（ego）控制的人格就越复杂，因为神经症毕竟是自我无力综合的一种表现，说明自我在企图进行综合的过程中，丧失了自身的统一性。

严格地说，陀思妥耶夫斯基的神经症是怎样表现的呢？他称自己是个癫痫症者（epileptic），别人也这么认为。因其病情发作时极为严重，伴有意识丧失、肌肉痉挛，其后就产生抑郁状态。这个所谓的癫痫症很可能就是他的神经症的一个症状，因此必须把它归之为癔症性癫痫症（hysteto-epilepsy），也就是一种极其严重的癔症。关于这一点，由于两个原因，我们还不能完全确定。其一是因为陀思妥耶夫斯基自称的癫痫症的病历资料不

（接上页）（Stefan Zweig, 1902）写道："他并未因布尔乔亚式的道德而停下手来。人们难以想象，在他的生活中他已在违法的道路走了多远；难以想象，他笔下主人公到底有多少桩罪案，是他在内心中去做的。"

足和不够可信；其二是因为我们对癫痫症发作（epileptiform attacks）的病理状态的了解也不全面。

首先来谈第二点。我们没必要重复一遍癫痫症的全部病理。因为这对问题的解决并不会有什么重大帮助。可以这么说，这种古老的圣病（morbu sacer）显然貌似临床症状。这种难以预测、没有什么明显刺激便会出现痉挛发作的怪病，使患者的性格变得易怒、爱挑衅，所有的心理官能逐渐降低。但这种大致的描述，并不精确。这病发作时凶猛而突然，伴随着咬舌、小便失禁，最终出现有着严重自我伤害危险的癫痫状态。病人也可能有短时间的意识丧失，或突发晕眩，或在短时间内行径背离性格，好像是处于无意识的控制之下。这些发作虽一般说来是由我们还不能理解的纯粹生理原因引起，但其首次发作很可能是由于某种纯粹的心理原因（例如，一次惊恐），或可能是其他心理刺激的结果。不管智力损伤在绝大多数病例中多么典型，至少有一个病例我们都知道（亥姆霍兹的病例），它并没有妨碍患者在智识方面取得高度的成就（另外一些与此相同的病例要么是有争议的，要么是令人怀疑的，如同陀思妥耶夫斯基的病例）。那些癫痫症患者给人以迟钝、发育不良的印象，往往伴有极明显的痴呆和极严重的大脑缺陷，不过这些并非必然的临床症候。但是这些程度不同的发作，在一些智力健全但情感生活过度且通常失控的人身上也可能发生。在这种情况下，人们毫无疑问不可能将"癫痫症"当作一种单纯的临床症状。对于明显症候中的那些类似情况，似乎需要做功能分析。这就好像反常的本能释放机制已由机体预先设定。它可以在非常不同的情况下起作用——既可以作用于由于严重的组织解体或中毒所导致的大脑活动的紊乱，也可以作用于对心理机制控制不足和心理能量的活动达到心理临界点的情况中。在这种二分法的背后，我们看见了潜在的本能释放机制。这种机制不会远离性过程。从根本上说，性过程是毒源：早期的内科医生们把性交描述成一种轻度癫痫，并由此认为在性行为中包含着对释放刺激的癫痫方式的平息和适应。

就像这个普通因素的字面意义一样，"癫痫反应"无疑是神经症的拿手反应。神经症的本质只能通过大量躯体的方式来排除，而不能用精神上的办法来解决。所以，癫痫发作就变成癔症的一种症候，并受它的影响和感染，就像它受正常的性释放过程影响和感染一样。因此，官能性癫痫和"情感性"癫痫完全应该加以区别。这样做的实际意义在于：患第一种癫痫症的人大脑患病，患第二种癫痫症的人患神经症。第一种病人的精神生活受到来自外部异己成分的干扰，而第二种病人遭受的干扰则是他本人精神生活的表达。

陀思妥耶夫斯基的癫痫症极有可能属于第二种。严格地说，这是无法证明。要证明这一点，我们必须把他最初的发作和后来的涨落贯穿到他的精神生活之中。我们对此还知之甚少。有关发作的描述，本身并没告诉我们什么。我们对癫痫症的发作与陀思妥耶夫斯基的生活经历之间的关系还缺乏了解，而这些残缺的了解常常又是互相矛盾的。最有可能的假设是，发作应追溯到他的童年：起初表现为温和的症状，直到他18岁那年经历了一个骇人的事件——父亲遇害，他才表现出癫痫症症状。如果可以确认在他被放逐西伯利亚期间，他的癫痫完全停止了发作，那么这种假设就说到了点上。但是另外一些说法却与此矛盾。

《卡拉马佐夫兄弟》中的父亲被杀与陀思妥耶夫斯基的父亲的命运之间有着毋庸置疑的联系。这已引起不止一位传记作家的注意，并使他们开始请教"心理学的某一现代流派"。从精神分析（顾名思义）的观点出发，我们不禁想了解他父亲被杀给他留下的严重创伤，并把他对这件事的反应当作他神经症的转折点。但如果我着手用精神分析的方法去证实这一点，我将冒不被人们理解的危险，因为这些人很不熟悉精神分析的语言和理论。

我们有一个确定的起始点。早在"癫痫症"之前，陀思妥耶夫斯基还很小的时候曾有过几次初步发作。我们了解它们的意义。这些发作具有死亡意义：发作前，受害者曾有死亡恐惧，表现为昏睡、嗜睡。该病首次发作时，他还是个孩子。那是种突如其来、毫无缘由的忧伤。正如他后来告诉朋友索罗维耶夫的那样，他感觉当场似乎就有可能死去。实际上随之而来的，确实是一种与死亡极其相似的状态。他的弟弟安德烈告诉我们：在费奥多尔还很小的时候，他就常在睡觉前留下字条，写着他害怕在夜里会陷入像死亡一样的睡眠，因此他乞求自己的葬礼一定要推迟五天再举行。（Fülöp-Miller and Eckstein, 1925, lx）

我们知道这种死亡般的发作的意义是什么。它们表明以一个死人自居——要么以一个真的死了的人自居，要么以一个还活着却希望死去的人自居。后一种情况具有更重要的意义。由此可见，这个发作具有惩罚的价值。一个人希望另一个人死，现在这个人就是那另一个人。他自己死。关于这一点，精神分析理论认为，对一个男孩来讲，那另一个人通常是他的父亲，因此，这种发作（被称为癔症发作）是对希望他可恨的父亲死去的自我惩罚。

用一个很普遍的观点来看，弑父（parricide）既是所有人的又是个人的主要的原罪（见我的《图腾与禁忌》1912—1913年）。在任何情况下它都是罪疚感的主要源泉，尽管我们不知道它是否是唯一的源泉。我们的研究还不能确证罪疚感和赎罪欲求的心理根源。但根源不一定只有一个。心理情况是复杂的，有待阐明。正如我们所说，男孩子和他父亲间的关系是一种矛盾关系。除了想把父亲当作竞争对手除掉的那股仇恨外，对父亲在一定程度上的温情一般也是存在的。这两种心态的结合便产生了以父亲自居的心理；男孩子想要处于父亲的地位，因为他钦佩父亲，想要像父亲一样。也因为他想要父亲离开这个位置。这时，他的整个心理发展过程遇到了一个强大的障碍。到了一定的时候，孩子开始懂得，他想消除作为对手的父亲的企图将会受到来自父亲用阉割手段所实施的惩罚。所以，由于对阉割的恐惧——为了保持他男性的权利——他就放弃了占有母亲、除掉父亲的愿望。而这种愿望却仍留在潜意识中，于是构成了罪疚感的基础。我们相信，这里描述的是正常过程，即所谓"俄狄浦斯情结"（Oedipus complex）的正常命运；不过，对此还需大大展开。

当两性同体的体质因素在男孩身上较强地发展起来时，出现了另一个复杂情况，因为那时男孩在阉割的威胁下，他的倾向开始强烈地偏向了女性一方。他要让自己替代母亲的位置，接替母亲的角色，成为父亲爱恋的对象。但对阉割的恐惧也使他的这种解决方案完全不可能实施。男孩明白要想让父亲把自己当成女人来爱恋，那就一定要接受阉割。于是，对父亲既恨又爱的两种冲动都遭到了压制。这一事实中，存在着一个心理差别：因对**外部**危险（阉割）的恐惧而放弃了对父亲的仇恨；同时，爱恋父亲又被当作一种**内部**的本能危险（尽管从根本上说还是要回到同一个外部危险）。

之所以难以接受对父亲的恨，是因为对父亲的**恐惧**，不管是作为惩罚还是作为爱的代价，阉割是可怕的。在压制对父亲的恨的两个因素中，第一个，即对惩罚和阉割的直接恐惧，可以叫作正常因素。其致病性似乎只随着第二个因素——对女子气的恐惧——的增加而增加。因此，一种强力的两性同体的先天性向，便成为神经症的先决条件或症状加重的原因之一。这样的性向在陀思妥耶夫斯基身上肯定是存在的，它以一种可行的形式（如同潜伏的同性恋）表现出来：在他的生活中男性友谊起着重要作用，他对情敌持令人不解的温柔态度。还有，正如他小说中所举的许多例子一样，他对只能用受到压制的同性恋才能说明的情况却有着独到的见解。

假如我们这样阐明一个人对父亲既爱又恨的态度，以及这种态度在"阉割威胁"的影响下所发生的变化，让那些不熟悉精神分析理论的读者感到了乏味和难以置信，我对此表示遗憾，虽然我改变不了这些事实，我应该预料到："阉割情结"肯定会引起相当普遍的否定。但我只能坚持，精神分析学的经验已证明这些特别的情况是不容置疑的。它还让我们明白，每一种神经症都可以在其中找到自己的症结所在。这样的话，我们就一定要用这把钥匙，来打开我们的这位作家所谓的癫痫症的谜团。与我们的意识如此不相容的，正是控制我们潜意识心理生活的那些事件。

但是以上所说的一切，还不能尽述俄狄浦斯情结中对恨父之情压制的后果。这里要补充一点新的内容，即无论如何，对父亲的认同最终还是在自我中找到了一个永久的地位。它虽然被自我收容了，但却作为一种独立的力量与自我的其他内容对立。我们叫它"超我"，并给予这位双亲影响（parental influence）的继承者极其重要的作用。如果父亲是冷酷、暴烈和残忍的，超我就从他那里接过这些属性，而且在它与自我的关系中，本该受压制的被动状态重新活跃了起来。超我变成了施虐狂，自我变成了受虐狂。也就是说，其女性态度实际上处于被动状态。对惩罚的巨大需要在自我中萌生出来。从一定程度上说，自我甘愿充当命运的牺牲品；在某种程度上，自我又从受超我的虐待中（就是说在罪疚感中）寻求满足。因为任何惩罚，归根结底都是阉割，也因此是对父亲原有被动态度的实现。就连命运（Fate），作为最后的手段，也只不过是父亲后来的投射。

良知（conscience）形成的正常过程与这里所描述的异常过程一定是相似的。我们还不能成功地在它们之间划出界线。我们可以观察到，大部分结果在这里都归因于受压制的女性被动角色。另外，不管这个使儿子惧怕的父亲在现实中是否特别暴力，它作为一个附加因素一定也是很重要的。陀思妥耶夫斯基的情况正是如此。我们可以把他那很不一般的罪疚感和他在生活中的受虐行为，追溯到一种特别强烈的女性成分。于是陀思妥耶夫斯基的情况就如下文所述：一个天生具有特别强烈的两性同体性向的人，采取特别有力的手段来防止自己依靠特别严厉的父亲。这种两性同体的特征，是我们已经认识了的他的本性的补充。他早年那些死亡般的发作症状可以理解为他自我中的以父自居作用，这一自居被超我当作一种惩罚，而得到允许。"你是为了要我成为你的父亲而去杀他。现在你就是你的父亲，但是个死了的父亲。"——这就是癔症症候的正常机制。更有甚者："现在你的父亲要杀你。"对于自我来说，死亡症候是男性愿望幻想中的满足，同时也是一种受虐的满足；对于超我来说，它则是一种惩罚性的满足——施虐的满足。自我和超我，都扮演了父亲的角色。

总之，主体与其父亲客体（father-object）间的关系尽管还保留其内容，却已被转变成自我与超我的关系——犹如新舞台上的新布景。此类来自俄狄浦斯情结的早期反应，如果得不到来自现实的进一步刺激，就可能消失。但父亲的品格依旧如故，或者更确切地说，随着岁月的发展而变坏了。所以陀思妥耶夫斯基对父亲的仇恨和他要那可恶的父亲死去的愿望仍保留着。如果现实让其被压制的愿望得以满足，那是一件危险的事。幻想变成了现实，所有防御措施因而得以加强。这时，陀思妥耶夫斯基的病情发作就表现为癫痫的特征。此类发作仍然表明，他想以父亲自居以惩罚父亲。但是病情发作变得可怕了，就像父亲可怕的死亡一样。这些发作是否还包含着其他内容尤其是性的内容呢？这就无法推测了。

有件事是值得注意的：在癫痫发作的先兆中，常出现一阵极度的狂喜（supreme bliss）。这很可能是在听到死亡的消息时所感觉到的胜利和解脱。紧接着是一种更残酷的惩罚。我们从那个原始游牧部落中杀了自己父亲的兄弟们身上推测出的正是这样一种顺序：先是胜利，而后是悲痛；先是喜庆，接着就哀悼。我们发现这种顺序在图腾宴仪式中也出现过。[1]如果在现实中陀思妥耶夫斯基的癫痫症在西伯利亚不曾发作，那只能证明发作是对他的惩罚。当他受到其他方式的惩罚时，他便不再需要发作了。但这还不能得以证实。陀思妥耶夫斯基的心理组织需要这一惩罚，这说明了这样一个事实：他安然度过了这些悲惨、屈辱的岁月。宣判陀思妥耶夫斯基为政治犯是不公平的，他也一定知道这一点。但他接受了小父亲（Little Father）——沙皇——对他冤枉的惩罚，以此作为对他反对生父的罪恶所应承受的惩罚。他并没有自己惩罚自己，而是接受了父亲的替代者——沙皇——的惩罚。在此，我们瞥见了社会实施惩罚在心理学上的正当性。事实是，大批罪犯想得到惩罚，他们的超我要求这样，这就省去了遭受自我惩罚的必要。

每一个熟悉癔症症候复杂变化之意义的人都会明白，不从这一点出发，就别企图去探究陀思妥耶夫斯基的癫痫症发作的意义。我们可以假设它们的最终含义在后来增加的许多内容中仍然保持不变，这就够了。我们可以稳稳地说，陀思妥耶夫斯基从未摆脱由弑父意图而产生的罪疚感。它们也决定了他在另两个范围（即国家权威和信仰上帝）里的态度，在此他与父亲的关系是一个决定因素。首先，他对他的小父亲——沙皇——是绝对服从的。这位沙皇曾在**现实**中与他一起演过杀人的戏剧。他的发作经常在戏剧中表现出来。这里，忏悔占了上风。在宗教范围里，他保持着更多自由：根据显然可靠的报道，他在生命的最后一刻仍在信仰和无神论之间徘徊。他的巨大才智，使他不可能忽略任何由信仰产生的智力难题。通过个人对世界历史发展的概括，他希望找到一条拯救之路，并从对"基督理想"的罪疚感中摆脱出来；他甚至利用自己的痛苦，以此作为扮演基督式角色的资格。如果说他基本上未获自由，而是成了一名反对者，那是因为他不孝。这在人类中是普遍存在的，宗教情感也是在此基础上建立的。但是在他身上这种不孝之罪达到了超个人的强度，甚至他那巨大的才智也难以遏制。写到这里，我们可能会受到指责，说我们放弃了公正的分析，而以某一特定世界观的党派观念来判断陀思妥耶夫斯基。保守派会站在宗教法庭庭长一边，对陀思妥耶夫斯基

---

[1] 见《图腾与禁忌》。

做出不同于我们的判决，这种对立有其正当性；人们只能为他开脱，说陀思妥耶夫斯基的决定完全像是由神经症引起的智力阻抑导致的。

这很难说是巧合：文学史上三部永恒的杰作——索福克勒斯的《俄狄浦斯王》、莎士比亚的《哈姆雷特》和陀思妥耶夫斯基的《卡拉马佐夫兄弟》——都谈及了同一主题：弑父。而在这三部作品中，显然弑父的行为动机都是与情敌去争夺一个女人。

当然，最直接的表现是取材于希腊传说的那出戏。剧中罪犯仍然是主人公自己。但是，如果不加以淡化和掩饰，就不可能进行富有诗意的处理。和我们的分析结论一样，不经过分析准备就赤裸裸地承认弑父意图，好像令人难以容忍。保留了这一罪行的希腊戏剧，以被陌生命运强迫的形式，把主人公的潜意识动机表现出来，从而实现了巧妙制造必要条件动机的效果。主人公的犯罪行为是无目的的，显然没有受到女人的影响。然而这种影响在另一种情况下开始起作用了。主人公只有对那个象征他父亲的恶魔反复采取行动后，才能占有母后。罪恶暴露，真相大白后，主人公并不想借口受命运摆布来为自己开脱罪责。他承认了自己的罪恶，并将其当作有意犯罪而惩罚了自己——从理智上看，这显然有失公允；但从心理学上看，则是千真万确的。

在英国的那出剧中，这一主题表现得比较间接。主人公自己并没有犯罪，而是别人犯罪。对那人而言，杀人不是弑父。争夺女人这一被忌讳的性争斗动机，也因此没有必要加以掩饰。再说，我们明白他人犯罪对主人公的影响后，也就看见了主人公通过折射所表现出的俄狄浦斯情结。他应该找罪犯报仇。但十分奇怪的是，他发现自己没有能力那么做。我们知道这里他的罪疚感麻痹了他。但是这种罪疚感以一种与神经症过程完全一致的形式，转变成他不能完成其任务的感觉。有证据表明主人公感到他的罪恶是一种超个人的罪恶。他对别人的蔑视不亚于对自己的蔑视："要是照每一个人应得的名分对待他，那么谁'逃得了一顿鞭子'？"

俄国的这部长篇小说在同一方向上又向前迈进了一步。那里面也是另外一个人犯了杀人罪。但是，这另外一个人跟主人公德米特里一样，与被杀的人有父子关系。在这另一个人的情况中，情杀动机是公认的；他是主人公的弟弟。一个明显的事实是，陀思妥耶夫斯基把自己的疾病——尚未证实的癫痫症——安排在了主人公身上。他仿佛在极力表明，自己身上的癫痫和神经症具有弑父的性质。审判庭上的辩护词里还有一个对心理学的著名嘲笑——一把"双刃剑"[1]。这是高明的掩饰，因为要发现陀思妥耶夫斯基观点的深层意义，我们只有将它倒转过来看。该受到嘲笑的不是心理学，而是法庭的审讯程序。到底是谁犯了罪无关紧要，心理学只关心谁在情感上渴望着犯罪；罪行发生后，谁又会感到高兴。由于这个原因，所有兄弟——反面人物阿廖沙除外——都同样有罪，都是冲动的肉欲主义者、喜怀疑的玩世不恭者和癫痫病罪犯。在《卡拉马佐夫兄弟》中，有一个场面特别揭示了这一点。在佐西马神父与德米特里谈话时，他发现德米特里正准备弑父，便跪在德米特里的脚下。这一行为不可能令人钦佩，因为这意味着该圣徒正在抵制对凶手的蔑视和憎恶，并因此低了凶手一等。陀思妥耶夫斯基实际上对罪犯充满无限同情，已远远超出那些不幸的家伙有权得到的怜悯。它使我们想起了"敬畏"（holy awe）。在过去，人们正是用此种敬畏看待癫痫症者和神经症者的。对陀思妥耶夫斯基来说，一个罪犯几乎就是一个救世主；他承担了本该由别人来承担的罪责，因为**他**杀了人，别人就不再有任何杀人需要了。人们一定会感激他，因为要不是他，有人就不得已要亲自去杀人。这并不仅仅是仁慈的怜悯，而是一个基于相似杀人冲动的自居作用——实际上是一种轻微移置的自恋（这样说，并不是要对这种仁慈行为的伦理价值提出疑义）。这也许是非常普遍的对别人仁慈同情的机制，人们能够很轻松地在这个深受罪疚感折磨的小说家的特殊例子中觉察到这一机制。毫无疑问，这个由自居心理引起的同情心是陀思妥耶夫斯基选择题材的决定因素。他首先描写的是一般意义的（动机是利己主义的）罪行和政治、宗教罪；直到生命的晚期，他才回过头来描写具有原罪意义的罪行——弑父者，并在他的一部艺术作品中通过弑父者来完成自己的忏悔。

　　陀思妥耶夫斯基去世后发表的文稿和他妻子的日记，使我们对他在德国

---

[1] 在德文（以及在原文俄文）中，这一比喻是"棍有两端"。"双刃剑"来自康斯坦斯·加内特（Constance Garnett）的英译。——中译者

时如何沉湎于疯狂赌博那段人生插曲有了清楚的认识。（参见Fülöp-Miller and Eckstein, 1925）人们都将此视作他病态激情的明显发作。这个不同寻常、又毫无价值的行为不乏文饰作用。正像神经症者身上经常发生的那样，陀思妥耶夫斯基的罪疚感往往表现得像债务负担一样。他会编个理由说自己一心想从赌桌上赢钱，以便返回俄国时不被债主逮住，并因此心安理得地赌。但这只不过是个借口，他很聪明地认识到这个事实，也诚实地承认了。他也知道，他是为赌博而赌博。他由冲动而做出的非理智行为的全部细节都既表明了这一点，同时也表明了另外一些情况。不输个精光，决不罢休。赌博对他来说也是一种自我惩罚的手段。他一次又一次地向年轻的妻子保证或者用他的名誉许诺，不再赌了；或者到了某一天，他就不赌了。但是，正如他妻子所言，他从未信守诺言。赌场的损失使他们的生活潦倒时，他便从中获得继发性病态满足。事后，他在妻子面前责骂、羞辱自己，要她轻视他，让她感到为嫁给这样一个恶习不改的罪人而遗憾。当他这样卸掉了良心上的包袱后，第二天又去重操旧业了。他年轻的妻子早已习惯了这种周而复始的循环，因为她注意到有一种事可能成为拯救他的真正希望——他的文学写作。当他们失去一切，典当了最后的财物时，他的写作就会变得十分杰出。她当然不理解这种联系。当他通过把惩罚加在自己身上而使罪疚感得到满足，那加在他作品上的限制就变得不那么严厉了，这样他就让自己沿着成功的路向前迈进几步。

一个赌徒久埋心中的童年经历中，哪一部分成了他赌博成瘾的因素？我们可以毫无困难地从我们的一位年轻作家的一个故事中推测出答案来。斯蒂芬·茨威格（Stefen Zweig）非常偶然地对陀思妥耶夫斯基做过一段研究（1920）。在他的由三个短篇小说汇成的集子《情感的迷惘》（1927）中收入了一篇他起名为《一个女人一生中的二十四小时》的小说。这篇短小精悍的杰作，表面上看只想表现女人是怎样一种不负责任的物种。甚至连女人自己都感到惊讶：一段出乎意料的经历能驱使她走到怎样的极端。但这个故事所讲的远非这些。如果用精神分析理论去解释它，就会发现它意在表现（没有任何歉疚的意见）另外一件事，即一件带有普遍人性的事，或者说白了是男性的事。这个解释是显而易见的，人们无法反驳。艺术创作的本质特征就是这样。当我问到我的这位好友作家时,他向我保证说我对他所做的解释在他的知识和意图上都是陌生的,尽管作品叙述中采用的一些细节似乎为这个隐藏的秘密提供了线索。

在这篇小说中,一位上了年纪的贵妇人向作者讲述了二十多年前的一次经历。她年轻时守寡。虽有两个儿子,但他们不再需要她了。42岁时,她已不再期望什么了。在一次毫无目的的旅行中,她来到了蒙特卡洛赌场。这地方给她留下深刻印象。其中的一个印象是,她很快就被一双手迷住了。这双手似乎极真诚和强烈地表现了一个不幸赌徒的全部感情。这是一位漂亮年轻人的一双手——作家好像无意中把这人写得与叙述者大儿子的年龄相同。他在输掉了全部财物后,十分绝望地离开赌场,看情形是想在赌场花园结束他毫无希望的人生。一种怜悯感驱使她跟踪了他,并用尽各种莫名其妙的办法去拯救他。他以为她是常见的那种纠缠不休的女人,极力想摆脱她。但是她仍跟着他,并且身不由己地、极自然地到了他的旅馆房间。最后,与他同床共枕。在这个随兴的欢爱之夜后,她让这位此时显然已平静下来的年轻人庄严发誓,绝不再赌。她给了他回家的路费,答应在他离开前到车站为他送行。然而此时她已觉得爱意绵绵,准备为挽留他而牺牲一切,并拿定主意随他而去,而不是告别。然而种种意外耽误了她,使她没赶上火车。她怀着对已走的年轻人的思念又一次回到赌场。结果,大吃一惊,她又一次见到了那双曾激起她同情的手。这个不讲信义的年轻人又来赌博了!她提醒他曾立下的誓言,但他沉迷于玩乐的欢情之中,竟骂她是碍事婆,让她滚开,并把她曾想用来拯救他的钱抛还给她。她在深深的耻辱中匆匆离去。后来她明白,自己没能使他免于自毁。

这是一个娓娓动听、动机纯正的小说。故事本身当然是完整的,也肯定会深深打动读者。但精神分析学指出,小说的意图基本上是基于青春期充满希望的幻想。不少人曾有意识地记住了这一幻想。它体现了一个男孩子的希望,即母亲应亲自使他了解性生活,使他免遭手淫带来的可怕伤害(很多论及救赎主题的作品都有同样的起源)。手淫的恶习被赌瘾替代了。对手的热烈动作的强调,显露了这一由来。确实,玩乐的欢情是手淫这一原始激情的对等物,"玩弄"(playing)是育儿过程中专门用来描写用手摆弄生殖器动作的一个词。诱惑所具有的不可抗拒性，那种严肃的永不再犯的保证（然而永远也做不到），那种叫人陶醉的愉快和他正在毁掉自己（自杀）这一恶性感觉——所有这些因素，都保留在赌博这一替代过程中。是的，茨威格的故事是由母亲而非儿子讲述的。这一定会让儿子想到："如果我的母亲知道手淫对我有怎样的危害，那么她肯定会把我从手淫中拯救出来，并允许我把所有的温情都宣泄在她身上。"在故事中，年轻人把她看成了妓女。这种母亲即妓女的观念与上述幻想相联系，使难以接近的女人变得容易接近了。贯穿于幻想之中的恶性感觉给故事带来了不幸的结局。同样有趣的是，我们注意到作者是如何赋予小说一个"外观"，并以此来极力掩饰它的精神分析意图的，因为女人的性生活是否受突发、神秘冲动的支配，是极其令人疑惑的。相反，精神分析学却揭示出，这个长期以来没有爱情生活的女人所做的令人惊讶的行为，其动机是十分充分的。她忠于记忆中的亡夫，她竭尽所能抵抗所有类似的吸引。但是——在此，儿子的幻想是对的——作为母亲，她逃避不了把真正潜意识的爱转移到儿子身上，命运在这个不设防的地方绊倒了她。

如果对赌博的沉迷，连同破除这一恶习所做的不成功的努力以及它所提供的自我惩罚，是手淫冲动的重复，那么，我们对它在陀思妥耶夫斯基生活中占据这么大的位置就不应感到惊奇。毕竟我们没发现一例儿童早期和青春期的自体性欲满足在严重的神经症中不起作用的个案；而压制自体性欲满足的努力和对父亲的恐惧之间的关系，则早已真相大白，无须赘述了。

[附]弗洛伊德致西奥多·赖克的一封信

[英文版编者按]弗洛伊德论陀思妥耶夫斯基的文章发表数月后，西奥多·赖克在《意象》杂志上发表了对此文章的评论。虽然赖克对弗洛伊德的文章总体是赞赏的，但他以相当篇幅指出弗洛伊德对陀思妥耶夫斯基的道德评价偏颇且苛刻。而且对弗洛伊德在该文第三自然段中所阐述的道德观也不赞同。赖克也正好对弗洛伊德的论文形式，以及结尾处明显离题提出了批评。弗洛伊德读了这些批评后，给赖克寄了一封信作

为回复。此后不久,当赖克把自己的文章收在他的一本论文集再发表时(1930),弗洛伊德坚持把他的复信也一并收入。批评与回复的英译版后来发表在赖克的《我与弗洛伊德的三十年》中。得到西奥多·赖克博士的同意后,我们在这儿发表弗洛伊德给他的回信的修订译文。

1929年4月14日

……我怀着极其愉快的心情拜读了您对我关于陀思妥耶夫斯基研究的批评文章。您所有的批评意见都值得我考虑,而且在某种意义上是恰当的。我想提出一点我的辩解意见。当然,这不是谁对谁错的问题。

我认为您对这件小事提出了太高的标准。我写它是想讨某人的欢心,是不情愿的。我现在总是很勉强地写些东西。毫无疑问,您已注意到这一点了。当然,我并不想为自己的草率、错误的判断寻找借口,只想就这篇文章粗糙的结构做一个解释。我并不否认在文中加入茨威格的精神分析,确实给这篇文章带来了不谐的效果。但细细想来,也并非没有道理。假如我考虑自己的文章会发表在什么杂志、报刊的话,我一定会写:"我们可以推断,压制手淫的欲望,在伴随着严重罪疚感的神经症史中起着特别重要的作用。这个推断被陀思妥耶夫斯基对赌博的沉迷完全证实了,因为正像我们从茨威格的短篇小说中看到的那样……"这就是说:这个短篇小说中用于这类描写的篇幅不是由这种关系——茨威格与陀思妥耶夫斯基的关系决定的,而是由另一层关系——手淫与神经症的关系决定的。尽管如此,这一结论依旧不尽人意。

我坚持对伦理学做科学、客观的社会评价。因此,我不愿否认优秀的俗人也有好的伦理行为,尽管他要以自我约束为代价。[1]但是,与此同时,我承认您所支持的伦理学的主观心理学观点具有合理性。尽管我同意您对当今

---

[1] 赖克写道:"弃绝一度是道德标准;如今,只是标准之一罢了。假如它是唯一标准,那么良民与感觉迟钝的小人,只要服从上级,就都比陀思妥耶夫斯基道德高尚了。因为,只要缺乏想象,弃绝并不是一件很难的事。"

世界和人类的判断，但是我不能——如您所知——认为您对美好未来的悲观否认是合理的。

正如您所建议的，我把作为心理学家的陀思妥耶夫斯基列入有创造性的艺术家之行。对我能提出的另一个反对意见是，他的洞察力太局限于反常的精神生活。例子就是，他在爱情面前手足无措得令人瞠目！他所了解的都是些残酷的本能渴望，受虐的屈从和出于怜悯的爱情。尽管我对陀思妥耶夫斯基的拼命精神和卓越成绩非常赞赏，但您还是怀疑我并不真正喜欢他。在此，您一点也没错。这是因为我在分析中已经失去对病态本质的耐心。在艺术与生活上，我也对它们无法容忍。这些是我个人的性格特质（character traits），而别人未必如此。

您打算在哪里发表您的大作？[1] 我对这篇论文有很高的评价。科学探索必须力戒先入为主。思考时则难免会有不同的观点；在此，肯定就有一些不同观点……

1　赖克好像在《意象》上发表他的批评性文章前，曾给弗洛伊德读过，尽管所想的是再版问题。

10 美杜莎的首级

我们并不经常去努力诠释个别神话的主题。但是，要对本案中那颗斩下的令人惊骇的美杜莎首级做出诠释，却易如反掌。

斩首=阉割。美杜莎的恐怖因此也就是看到某物遭到阉割的恐怖。大量分析让我们熟悉了这种情况：这种恐惧就发生在男孩身上。他一直不愿相信阉割威胁，却瞥见了女性生殖器，可能是有着一圈毛发的成人生殖器，基本上也就是他母亲的生殖器了。

美杜莎首级上的毛发经常以蛇形出现在艺术作品中，而这些毛发又一次源于阉割情结。值得注意的是，它们本身无论多可怕，实际上都是起到了缓解恐惧的作用。因为它们取代了阴茎，而阴茎的缺失正是恐怖的原因。这是对技术规则的确认，根据这个规则，阴茎符号的倍增意味着阉割。

看到美杜莎首级，观者吓得僵硬了，石化了。请注意，我们这里又有了来自阉割情结的相同起源，和相同的情感转变！变僵硬意味着勃起。因此，在最初情况下，它为那位观者提供了安慰。他仍然拥有阴茎，而变硬使他确信了这一事实。

童贞女神雅典娜自己的衣服上就佩戴着这一恐怖标志。正因如此，她成了一个不可亲近、拒斥一切性欲的女人。这是因为她展示了母亲令人生畏的生殖器。鉴于希腊人主要具有强烈的同性恋特质，所以我们不可避免会在他们中间看到一种女性形象：她因为遭到阉割而令人恐惧和厌恶。

如果美杜莎首级取而代之成了女性生殖器的象征，就是说这颗首级将女性生殖器的恐怖效果与女性生殖器令人舒爽的效果分离出来，那么我们可以想到在其他一些情况下露阴是一种令人熟悉的辟邪行为。引起自己恐惧的那一切，对自己要加以防御的敌人也会产生同样的效果。我们在拉伯雷的书中看到，当那个女人向魔鬼露出自己的外阴时，魔鬼真是慌不择路啊。

勃起的男性器官也有辟邪作用，但这要归功于另一种机制。展露阴茎（或任何阴茎代用品）就是想说："我不怕你。我蔑视你。我有阴茎。"因此，这里有了另外一种恐吓恶鬼的方式。

要认真证实这一诠释，就有必要研究希腊神话中这种孤立的恐怖象征的起源，以及与其他神话中恐怖象征之间的相似之处。

再版译后记

　　弗洛伊德著作的翻译，真可谓汗牛充栋。有人戏称，只需找上多个中文译本，便可开始新译本的制作和出版。但，这无益于学术的发展，也无益于读者兴趣的助长。译事的发展和读者品位的提高，使得我们在这项工作中不断更新对自己的要求。

　　这本自选文集《弗洛伊德论美》因其初版时有着良好的市场表现，这就很自然地需要我们再接再厉。"再版"应运而生。

　　在这一版中，郭凤岭先生根据自己对弗洛伊德理论和读者市场的认识与理解，希望增加一些篇章，并委托我来完成翻译。因本学期课程较多，我请从前的学生现在的朋友陈翊老师对新增部分先期做了初稿。然后，我对照原文进行校译，以期全书在术语、文风格式上的统一。一切文责，由我承担。如此作为，一是出于高大上的"传帮带"目的——提携译界新兵；二是出于私利让翻译专业的新手为"老将"分担工作。合作是快乐的，双赢的。

　　全书的翻译准则是我在教学中一贯倡导的"翻译说人话"，杜绝佶屈聱牙的翻译腔。这是一个虽不太高但很多人却很难达到的要求，一个不仅要吃透原文，努力把握住作者的说话目的，更要摆脱"英汉词典"的束缚，才能达到的基本标准。做不到这一点，谈何"信达雅"？因此，我们在翻译过程中，始终秉持"说人话"这一初心。不断朗读自己的作业，力求在感觉上能体验到汉语言的那份音韵和节奏美，以及它们在我们内心深处引起的共鸣——一幅唯凭"内眼"方可洞识的美丽的心理表象。

　　翻译工作真是件永远都令人遗憾的事儿，每每重拾作品总会感觉有新的改进之处。但作品总要交稿。只能一咬牙,算了,点击鼠标,发出文件!

  此时,在完成了工作的放松之中,又不免期盼着那一刻的来临:手捧纸质版,再获一份别样的愉悦。

译者谨识

于鬼脸城下

附录：弗洛伊德年表

1856年　5月6日，出生于今捷克境内之弗赖堡。
1859年　6月，随父逃亡；10月，随父母折返莱比锡。
1860年　定居维也纳。
1870年　游故乡弗赖堡。
1872年　再游弗赖堡。
1873年　进维也纳大学医学院。
1875年　游曼彻斯特。
1876年　进入恩斯特·冯·布吕克主持的生理学研究所。
1877年　发表第一篇科学论文《鳗鱼的生殖腺的形态和构造》。
1878年　发表《八目鳗脊神经节细胞和喇咕神经细胞》。
1880年　译密尔有关柏拉图哲学和社会问题的论文。
1881年　获医学学位。
1882年　4月，遇见玛塔·贝尔内丝，6月17日，与之订婚；7月，进入维也纳总医院实习。
1883年　5月，任梅涅特的助手；6月，玛塔举家迁汉堡附近的万德斯贝克；7月，正式成为神经科医生。
1884年　6月，研究可卡因；9月，赴万德斯贝克探望玛塔。
1885年　6月，获留学奖学金；8月，毁14岁以来的手稿、信件；9月，获私家讲师头衔，在万德斯贝克避暑；10月，抵达巴黎。
1886年　3月，在柏林学习儿科知识；4月，在维也纳开诊所；9月14日，与玛塔结婚。

1887年　11月，与弗利斯相交；12月，初次使用催眠暗示。

1889年　夏季在南锡观摩伯恩海姆的催眠暗示法。

1890年　开始使用布罗伊尔的"疏泄"疗法。

1892年　开始使用自由联想法，此法至1898年臻于完善。

1893年　和布罗伊尔合著的《论癔症的现象和机制》发表。

1895年　5月，和布罗伊尔的合著《癔症研究》发表；7月24日，初次析梦，即《伊尔玛的注射》；8月发表《试论科学的心理学》。

1896年　3月，始用"精神分析"一词。

1898年　开始写作《释梦》。

1899年　11月，《释梦》在书店上架，但扉页上题作于1900年。

1900年　8月，《日常生活心理病理学》脱稿，因为此书，弗利斯与弗洛伊德绝交。

1901年　9月，与弟弟亚历山大游罗马。

1902年　获编外教授头衔；9月，与弟弟游那不勒斯等地；10月，成立"星期三精神分析学学会"（1908年改为维也纳精神分析学协会）。

1904年　《日常生活心理病理学》出版；9月与弟弟游雅典。

1905年　发表《性学三论》《多拉的分析》《玩笑及其与无意识的关系》。

1906年　4月，开始和荣格通信。

1907年　3月，荣格来访；5月发表《詹森〈格拉迪娃〉中的幻觉与梦》；9

月荣格成立苏黎世弗洛伊德学会。

1908年　3月，获维也纳市民籍。

1909年　4月，帕菲斯特来访；9月发表《"小汉斯"的分析》。

1910年　4月，维也纳精神分析学协会迁离弗洛伊德住宅，自设会所；5月，美国心理病理学协会荣誉会员头衔；6月，发表《达·芬奇的童年回忆》；法国普瓦捷的莫里肖-博尚（Morichau-Beauchand）开始和弗洛伊德通信；开始撰写《爱情心理学》（发表于1912年）。

1911年　1月，获美国精神病研究会荣誉会员头衔。

1912年　11月，在慕尼黑会见荣格等；12月，《说梦释例》英文版出版。

1913年　10月，和荣格决裂；《图腾和禁忌》发表。

1914年　2月，《精神分析学运动史》脱稿；《关于自恋的导论》脱稿。

1915年　3月，开始撰写《形上心理学》，至5月写成《冲动和冲动的命运》《论无意识》等；发表《战争和死亡的目前想法》。

1916年　开始在维也纳大学的最后一系列讲课。

1917年　讲课结束，讲稿《精神分析引论》出版。

1919年　春季开始撰写《超越快乐原则》；5月，撰写《群体心理学与自我分析》。

1920年　5月，《超越快乐原则》发表；12月，《群体心理学与自我分析》脱稿。

1922年　9月，最后一次参加柏林国际精神分析学大会。

1923年　6月，《自我与本我》发表。

1924年　夏季，《弗洛伊德全集》开始出版。

1925年　5月，于生日前得维也纳荣誉市民头衔；6月，布罗伊尔去世，撰文哀悼；《压抑、症状与焦虑》发表；9月《我的生平和精神分析学》出版。

1926年　《行外精神分析问题》脱稿；12月，爱因斯坦造访于柏林。

1927年　8月，《幻想的未来》脱稿。

1929年　7月，《文明及其病态》脱稿。

1930年　8月，获"歌德奖"。

1932年　7月，《精神分析引论新编》脱稿；9月，《为什么要战争？》脱稿（与爱因斯坦应命题而作）。

1934年　9月，写成《摩西与一神教》前三篇初稿。

1936年　5月，获英国皇家学会荣誉会员头衔；9月，和玛塔共度结婚50周年"金婚日"。

1937年　1月，致弗利斯的信件被发现，后以"精神分析学的起源"为题出版。

1938年　6月，因纳粹占领维也纳流亡至英国伦敦；8月，《摩西与一神教》出版；《精神分析学大纲》因病未完稿。

1939年　4月，《摩西与一神教》英译本出版；9月23日，病故。